南方占領地
マライ切手カタログ
1942-1945

Japanese Occupation
MALAYA 1942-1945

JP Occupation Vol.1

Publisher: Stampedia, inc.
Supervisor : MORIKAWA Tamaki
Date of issue: Apr. 1st 2020
Number of Issue : 600
Price : 2,000 Yen (VAT excluded)

▲ このカタログの使い方

このカタログは、大日本帝国が占領地マライで 1942 年から 1945 年までに発行した切手を全て掲載しています。書籍の後半に使用された消印と郵便局一覧記事を掲載したほか、収集に役立つヒントをコラムの形で多数掲載しています。

▲ メインナンバーの不変と、枝番号の見直しについて

監修者の守川環は、1970 年代に南方占領地切手カタログを個人出版し、各切手にカタログ番号（守川番号）を付けていました。1977 年に水原明窓氏から日本切手専門カタログの南方占領地部分の編集への参加を要請される際に、同カタログ番号を同カタログに貸与しました。

『守川番号』は今日に至るまで半世紀近くに渡り、世界中で活用されてきました。従って本カタログでも枝番号を除くメインナンバーについてはできる限り踏襲しました。しかし枝記号については 50 年前の研究に基づく付与であり（1）偶発変種などカタログ枝番号を与える必要のない切手を掲載したり（2）加刷バラエティの体系に無頓着な枝番号の発番で、使いづらいものとなっている事を反省し、今回大きく見直しました。

具体的には、加刷色以外のバラエティについて、下表左のアルファベットを用いて表しました。その上で加刷色のバラエティが複数ある場合、ハイフン（-）を挟み、下表右の加刷色を表しました。

この見直しにより、手押し加刷／押捺における二重加刷・逆加刷の様な偶発的なバラエティは、従来カタログに掲載されていたとしても掲載を外し、かわりにコラムで紹介しました。

また加刷色について、7M1-7M149 を除き、バラエティが一点しか存在しない場合、枝番号短縮の為に、表示を省略しました。

加刷色バラエティの豊富な 7M1-7M149 については、その逆に、全切手のカタログ番号に加刷色を示す枝番号を付与しました。

メインナンバーの次に表示

アルファベット	意味
d	二重加刷
i	逆加刷
L	左頭加刷
R	右頭加刷
a	(各種バラエティ)
b	(各種バラエティ)
c	(各種バラエティ)

ハイフンをつけて表示

アルファベット	意味
bl	黒
br	茶
c	青
r	赤
sc	朱
v	紫

▲ 評価について

(1) 本カタログに掲載されている評価は、2020 年 3 月現在の取引相場を調査した上での実態価格です。切手カタログの出版社の中には、実態相場の数倍から十倍の評価を掲載する編集方針の出版社も多いですが、当カタログには意味のある数字を掲載することにします。

(2) 原則として、未使用の単片評価を左の＊欄に、使用済の単片評価を右の◉欄に掲載しました。

(3) 9M1-9M14 の正刷切手を除き、原則として表面の美しい並品に対する評価としました。ヒンジ跡や糊焼けで発行当時の裏面のコンディションを維持できていない切手に対する評価であり、裏面がフレッシュな場合の取引価格は、この評価よりも高くなります。

(4) 手押し押捺・加刷切手については、印影不明瞭で曲がっている並品に対する評価としました。手押し押捺・加刷作業において、印影が明瞭で中心部に正方向で押されている場合は、本物である限りにおいて、この評価よりも高くなります。

(5) 使用済みの評価は、当時の消印が押捺されていることが分かる部分消しに対する評価です。「満月消し」などの、消印の情報が明瞭に多く見える使用済は、この評価よりも高くなります。

(6) すべての評価対象の切手は二級品でないことを前提としています。表面から見えるシェードを含む状態が完全品と比較し大幅に劣ったり折れのある切手、補修された切手、水溶性のインクが溶けてしまった切手は対象外としました。

▲ 切手の製造情報等について

切手の製造方法、印刷会社、シート構成（横方向の枚数 x 縦方向の枚数）等について分かる範囲で掲載しました。※ 本カタログに訂正がある場合は「スタンペディア日本版」の機関誌「フィラテリストマガジン」で発表します。

目次
Index

本書の刊行にあたり、田中雅史氏より、貴重なご寄稿二篇を賜りました。
ここに記すと共に、深く感謝を申し上げます。

大日本帝国の陸軍は、1941年12月8日午前1時35分に英領マライ北東部コタバルへの上陸を試み、同日夜に英連邦軍のコタバル飛行場を占領した。

　同上陸を契機としシンガポール攻略を目標とする「マレー作戦」は、12月9日のマレー沖海戦の戦果はじめとして日本の有利に進み、1月31日には、英連邦軍の部隊がマレー半島南端のジョホールバルから脱出し、同日、日本はマレー半島全体を占領した。シンガポールも2/15に陥落し、これ以降終戦まで同地では戦闘は起こらなかった。

　すでに12/13に州都アロスターの占領が完了していたケダー州では、1/31より日本軍により郵便が再開された。この日以降、1945年9月2日までの同地におけるフィラテリーを、南方占領地マライのフィラテリーと定義する。

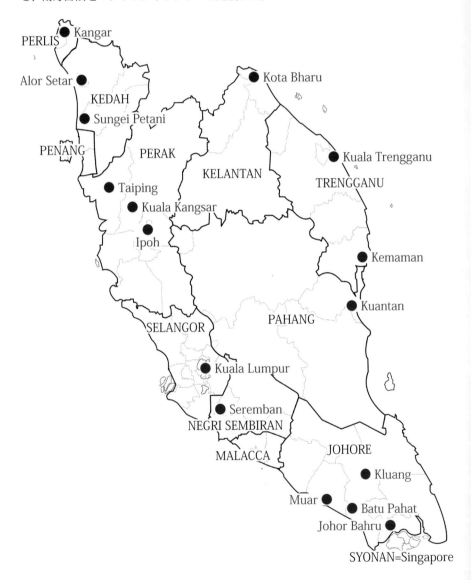

暫定地方切手
Provisional Loacal issue
1942

一覧

地方	加刷名	加刷方法	細分類	発行日	同地以外での発売
Syonan	二重枠軍政印加刷	手押し	3種	1942/3/16	（マラッカ州）
Penang	奥川印押捺	印鑑押捺	3種	1942/3/30	
	奥川亮印押捺	印鑑押捺		不明	
	内堀印押捺	印鑑押捺		1942/3/30	
	ローマ字加刷	機械		1942/4/9	
Kelantan	額面改訂加刷 Type I	手押し+印鑑押捺		1942/5/-	
	Type II	機械+印鑑押捺		1942/7/-	
	Type III	手押し+印鑑押捺		1942/8/-	
	Type IV	機械+印鑑押捺		1942/8/-	
	Type V	機械		1942/12/-	昭南,ｸｱﾗﾙﾝﾌﾟｰﾙ
Malacca	大型軍政印加刷	手押し		1942/4/23	
Kedah	ローマ字加刷	機械		1942/5/13	
Johore	ローマ字加刷	機械/手押し		不明	

暫定地方切手は、原則として、各地の中心郵便局で製造され、同地で販売・
使用された。例外については、上の表の「同地以外での発売局」に示した。

主要郵便料金
書状　8 cents
葉書　4 cents

昭南 二重枠軍政印加刷 SYONAN Double Framed Ovpt.

1942/3/16

台切手: 英領海峡植民地切手　　　　Base stamp : Straits Settlements
製造地: 昭南郵便局　　　　　　　　Produced at SHONAN post office

　昭南郵便局の開局日（3/16）にあわせて、同局在庫の英領海峡植民地切手5種に、木製の『二重枠軍政印』を加刷して作られた切手。印判は3個用意され、基本加刷色は赤。『単枠軍政印』が導入された3/30以降は製造されず、在庫分の販売のみが行われた。1M2と1M5は、単枠軍政印加刷切手の納品時に、マラッカ州にも送付され、使用された。

cat#	額面	shade, paper	加刷色	＊	◉	存在するタイプ
1M1	1c	black		1,000	1,350	A B C
1M1-br			茶	5,000	-	C
1M2	2c	orange		1,000	1,250	A B C
1M2-br			茶	5,000	-	B
1M3	3c	green		5,000	6,500	A B C
1M4	8c	grey		2,000	1,750	A B C
1M5	15c	ultramarine		1,350	1,350	A B C
1M5 R		右頭加刷		15,000	-	A　 C

1M1　　　　　　1M2　　　　　　1M2-br　　　　　1M3

1M4　　　　　　1M5　　　　　　1M5 R

＊手押加刷された切手であり、偶発的な二重加刷や逆加刷は、原則として一覧に掲載していない

『二重枠軍政印(馬来軍政部郵政局印)』のタイプ分類

Type A	Type B	Type C
	「馬」右寄りで枠線に隣接	
	「政」と「來」が隣接している。	
		「來」第7画が長い。
		「郵」のおおざとの縦棒が上に突き出ている。
「局」しかばねと第4画が離れている。第4画が内側に向いている。	「局」しかばねと第4画が離れている。第4画が内側に向いている。	「局」しかばねと第4画がくっ付いている。第4画が下に向いている。しかばねの中に点。
「印」第1画が斜め。ふしづくりの最後の跳ねが上向き。	「印」第1画が斜め。ふしづくりの最後の跳ねが上向き。	「印」第1画が水平。ふしづくりの最後の跳ねが横向き。

昭南 二重枠軍政印加刷 SYONAN Double Framed Ovpt.

1942/5/-

台切手: 英領海峡植民地切手　　Base stamp : Straits Settlements
製造地: 昭南郵便局　　Produced at SHONAN post office

『二重枠軍政印』の印判3個は、『単枠軍政印』が導入された 3/30以降も昭南局に保管されていた。この印判を加刷した 1M1〜 1M5以外の額面の切手を求める郵趣家向けの切手であり、少量が製造された。加刷色は赤。一般使用例は存在しない。

cat#	額面	shade, paper	加刷色	＊	◉	存在するタイプ
1M6	6c	slate-purple		25,000	-	A
1M7	10c	dull purple		17,500	25,000	B C
1M8	12c	ultramarine		40,000	-	B C
1M9	40c	scarlet & dull purple		25,000	-	A B
1M10	50c	black (green)		30,000	-	A B C
1M11	$1	black& red (blue)		50,000	-	B
1M12	$2	green & red		50,000	-	A
1M13	$5	green & red (green)		75,000	-	A

1M6　　1M7　　1M8　　1M9

1M10　　1M11　　1M12

稀少なマルチプル

南方占領地切手は長らく一種類でも多くの切手を集めるゼネラル収集的な集め方が日本で人気だった為、単片が豊富に存在する切手でも、田型以上のマルチプル、特に大型ブロックが稀少な切手が多い。

この原因の一つは、競争展で上位に入賞する作品が現れなかったことにあるが、近年、東南アジア諸国のフィラテリストから出品される作品の中に優れた伝統郵趣作品が登場し、マルチプルを有効活用していることから、製造面を解き明かす点でも、今後注目されることが予想される。

Pos. 76/100 第4コーナーブロック

Pos. 3/18 上耳付き12枚ブロック、Pos15までは 1M2（赤加刷）だが、Pos.16/18は 1M2-br（茶加刷）

ペナン 奥川印押捺 PENANG Okugawa Sealed

1942/3/30

台切手: 英領海峡植民地切手   Base stamp : Straits Settlements
製造地: ペナン郵便局   Produced at PENANG post office

　ペナン郵便局の開局日（3/30）にあわせて、同局在庫の英領海峡植民地切手に「奥川」印（ペナン軍政部 財務課長の奥川 亮の認印）を押捺し製造した。認印は3種類に分類できる。押捺色は赤。

cat#	額面	shade, paper	加刷色	＊	◉	存在するタイプ
2M1	1c	black		900	1,000	1 2 3
2M2	2c	green		45,000	-	2
2M3	2c	orange		2,250	2,000	1 2 3
2M4	3c	green		2,000	2,000	1 2 3
2M5	5c	brown		2,250	2,250	1 2 3
2M6	8c	grey		2,500	2,500	1 2 3
2M7	10c	dull purple		4,000	4,000	1 2 3
2M8	12c	ultramarine		2,250	2,750	1 2 3
2M9	15c	ultramarine		2,500	3,500	1 2 3
2M10	40c	scarlet & dull purple		7,500	8,500	1
2M11	50c	black (green)		15,000	16,000	1 2
2M12	$1	black & red (blue)		16,500	17,500	1 2
2M13	$2	green & red		40,000	42,500	1 2
2M14	$5	green & red (green)		100,000	110,000	1 2

奥川印のタイプ分類

Type 1	Type 2	Type 3
タイプ3損壊後に発注され、2番目に使われた印。開局までに納品され、初日に発売された切手上に確認できる。	タイプ3損壊後に発注されたが、開局前には使用されなかった印。4/9にペナンローマ字加刷切手が登場した後も窓口に置かれ、25ドル以上の高額の収入印紙に、利用の都度押捺された。	最初に使われた印だが、押捺作業中に損壊した。初日に発売された切手上に確認でき、1c-15cの8種にのみ出現する。小型。

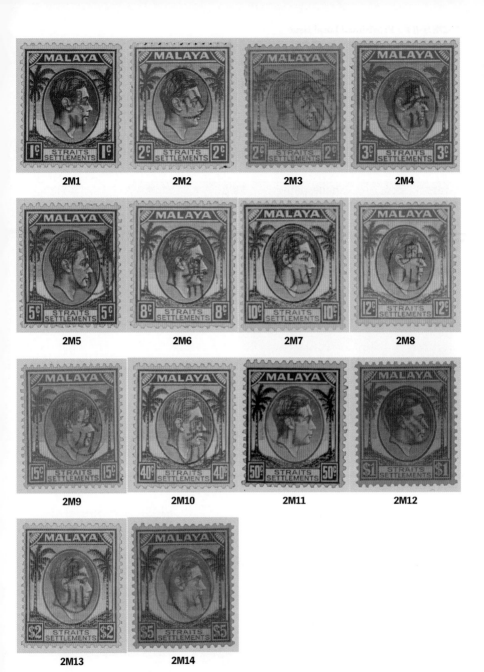

2M1	2M2	2M3	2M4
2M5	2M6	2M7	2M8
2M9	2M10	2M11	2M12
2M13	2M14		

*手押加刷された切手であり、偶発的な二重加刷や逆加刷は、原則として一覧に掲載していない

ペナン 奥川亮印押捺 PENANG Okugawa Akira Sealed

台切手: 英領海峡植民地切手　　　Base stamp : Straits Settlements
製造地: ペナン郵便局　　　　　　Produced at PENANG post office

フィラテリックな未使用および使用例のみが残っている切手。

かつては、収入印紙用と言われた事もあるが、収入印紙使用例は確認されていない。押捺色は赤。

cat#	額面	shade, paper	加刷色	＊	◉
2M15	1c black			-	90,000
2M16	2c orange			22,500	25,000
2M17	3c green			30,000	35,000
2M18	4c orange			-	150,000
2M19	5c brown			-	-

2M16　　　　　2M17

奥川亮印押捺切手

「奥川亮印」とフルネームが入った印鑑が押捺された切手は、収集家の求めに応じて作られたフィラテリックな物で、カバーもフィラテリックなものしか存在しないと考えています。

『収入印紙用に加刷された』と言う説も一時期ありましたが、そのような事例は確認されていません。

右図の様に収入印紙の貼られた書類に奥川氏の署名と共にこの印が押されている事から勘違いされたと考えています。

文書に押された印

収入印紙の貼られた文書

ペナン 内堀印押捺 PENANG Uchibori Sealed

1942/3/30

台切手: 英領海峡植民地切手　　　Base stamp : Straits Settlements
製造地: ペナン郵便局　　　　　　Produced at PENANG post office

ペナン郵便局の開局（3/30）を準備する期間中、摩耗の為に押捺に使える奥川印がなく
なった期間（タイプ3が損壊し、タイプ1が納品されるまでの期間）に暫定的に「内堀」印（ペ
ナン軍政部 収入役の内堀 信治の認印）が押捺に使用され、切手の準備が行われた。押
捺色は赤。

cat#	額面	shade, paper	加刷色	✻	◉
2M20	1c	black		7,000	8,000
2M21	2c	orange		7,000	8,000
2M22	3c	green		7,000	7,500
2M23	5c	brown		75,000	75,000
2M24	8c	grey		4,500	5,500
2M25	10c	dull purple		6,000	7,000
2M26	12c	ultramarine		5,500	6,500
2M27	15c	ultramarine		5,500	6,500

2M20　　　2M21　　　2M22　　　2M23

2M24　　　2M25　　　2M26　　　2M27

*手押加刷された切手であり、偶発的な二重加刷や逆加刷は、原則として一覧に掲載していない

ペナン ローマ字加刷 PENANG Roman Letter Ovpt.

1942/4/9 - 4/15

台切手: 英領海峡植民地切手
製造地: ペナン郵便局

Base stamp : Straits Settlements
Produced at PENANG post office

加刷機械が準備できると、印鑑押捺切手に代わり製造が開始され、2セント切手が最初に発売され、4/15までに全額面が揃った。加刷色は赤もしくは黒。

cat#	額面	shade, paper	加刷色	✳	◉
2M28	1c	black		150	150
2M28 a		PENANGのAが逆向V		1,500	1,500
2M28 i		逆加刷		18,500	18,500
2M28 d		二重加刷		21,000	21,000
2M29	2c	orange		375	250
2M29 a		PENANGのAが逆向V		3,000	3,000
2M29 c		nang 漏れ		7,000	7,000
2M29 i		逆加刷		13,500	-
2M30	3c	green		225	175
2M30 a		PENANGのAが逆向V		2,000	2,000
2M30 i		逆加刷		17,500	20,000
2M30 di		二重加刷一方逆向き		18,000	-
2M31	5c	brown		150	250
2M31 a		PENANGのAが逆向V		1,500	1,500
2M31 b		NIPPONのIの印刷洩れ		1,800	-
2M31 d		二重加刷		18,000	-
2M32	8c	grey		225	150
2M32 a		PENANGのAが逆向V		2,000	2,000
2M32 b		NIPPONのIの印刷洩れ		8,000	-
2M32 di		二重加刷一方逆向き		18,000	-
2M33	10c	dull purple		150	200
2M33 a		PENANGのAが逆向V		1,500	1,500
2M33 b		NIPPONのIの印刷洩れ		1,500	-
2M33 i		逆加刷		30,000	36,000
2M33 d		二重加刷		22,500	22,500
2M33 di		二重加刷一方逆向き		35,000	35,000

2M28

2M28 d

2M29   2M29 c   2M29 i

2M30   2M30 a   2M30 di   2M31

2M32   2M32 b   2M32 di

2M33   2M33 d   2M33 di

ペナン ローマ字加刷切手の加刷工程

加刷の実用版は、アルファベット 3行から成る活字群 25個(5段 5列) で構成された。そして、100面構成のシートへの加刷は 25面ずつ 4回に分けて行われた。

「NANG」 汚れバラエティ(2M29c) が最初に発行された2c切手の pos.17にしか存在しない事から、実用版の修正は、2c 切手の 1回目(右上 25枚への加刷) の工程後に行われたと考えられる。

ペナン ローマ字加刷 PENANG Roman Letter Ovpt.

cat#	額面	shade, paper	加刷色	*	●
2M34	12c	ultramarine		225	700
2M34 a		PENANGの Aが逆向 V		2,000	2,000
2M34 b		NIPPONの Iの印刷洩れ		22,000	-
2M34 d		二重加刷		27,500	-
2M34 di		二重加刷一方逆向き		35,000	37,500
2M35	15c	ultramarine		175	200
2M35 a		PENANGの Aが逆向 V		2,000	2,000
2M35 b		NIPPONの Iの印刷洩れ		18,000	-
2M35 i		逆加刷		32,500	32,500
2M35 d		二重加刷		32,500	
2M36	40c	scarlet & dull purple		300	700
2M36 a		PENANGの Aが逆向 V		2,500	2,800
2M36 i		逆加刷		32,500	-
2M37	50c	black (green)		350	1,250
2M37 i		逆加刷		37,500	-
2M38	$1	black& red (blue)		550	1,850
2M38 a		PENANGの Aが逆向 V		6,000	8,000
2M38 b		NIPPONの Iの印刷洩れ		18,000	-
2M38 i		逆加刷		60,000	-
2M39	$2	green & red		3,000	6,000
2M39 a		PENANGの Aが逆向 V		10,000	15,000
2M39 b		NIPPONの Iの印刷洩れ		30,000	32,000
2M40	$5	green & red (green)		35,000	42,500
2M40 a		PENANGの Aが逆向 V		50,000	60,000

2M34　　　　　**2M34 a**　　　　　**2M34 d**

PENANGの Aが逆向 V

加刷実用版の２段目中央のローマ字加刷 ３行目の「PENANG」
の「A」には活字「V」が逆さまにセットされている（上図）。シー
トでは、Pos.13, 18, 63, 68に出現する。（下図は正規の加刷）

2M35

2M35 b

2M35 i

2M36

2M36 i

2M37

2M38

2M38 i

2M39

2M39 b

2M40

2M40 a

NIPPONの I の印刷もれ

ローマ字加刷1行目の「NIPPON」の「I」が欠けたまま加刷された切手（上図）が確認されているが、ポジションは分かっていない。（下図は正規の加刷）これ以外に「DAI」の「I」が欠けたまま印刷された切手も確認されているが、掲載を見送る。

ケランタン 額面改訂加刷 Type I KELANTAN Surchaged Type I

1942/5/

台切手: 英領ケランタン切手
製造地: コタバル郵便局

Base stamp : Kelantan
Produced at Kota Bahru

改訂額面の加刷を行った上で、「砂川」印(ケランタン州知事 司政長官の砂川泰の認め印)を押捺した。なお、旧額面の額面抹消は加刷されていない。

加刷色は赤もしくは黒。押捺色は朱。

cat#	額面	shade, paper	加刷色	＊	◉
3M1	1c/50c	grey olive & orange		16,500	16,500
3M2	2c/40c	orange & blue green		27,000	22,500
3M3	4c/30c	violet &scarlet		90,000	90,000
3M4	5c/12c	blue		16,500	16,500
3M5	6c/25c	vermilion & violet		18,000	18,000
3M6	8c/5c	red-brown		21,000	12,500
3M7	10c/6c	lake		7,500	11,000
3M7 a		CENST 誤植		80,000	-
3M8	12c/8c	grey olive		5,000	10,000
3M9	25c/10c	purple		82,500	90,000
3M10	30c/4c	scarlet		140,000	150,000
3M11	40c/2c	green		5,000	7,500
3M12	50c/1c	grey olive & yellow		100,000	90,000

ケランタン 額面改訂加刷 Type I の 押捺者による押捺位置のバラエティ

砂川印の押捺位置により製造時期の推測が可能である。

ケランタン郵便局開局当初は、蒲田太郎氏(かつきだ)により1枚1枚丁寧に肖像の下に押捺された。(左図)

しかし、その後を引き継いだスタッフ(氏名不詳)の押捺位置は肖像の左に移動した。(右図)

3M1	3M2	3M3	3M4
3M5	3M6	3M7	3M8
3M9	3M10	3M11	3M12

*手押加刷された切手であり、偶発的な二重加刷や逆加刷は、原則として一覧に掲載していない

ケランタン 額面改訂加刷 Type II KELANTAN Surchaged Type II

1942/7/

台切手: 英領ケランタン切手　　　　　Base stamp : Kelantan
製造地: コタバル郵便局　　　　　　　Produced at Kota Bahru

　額面改訂加刷の版が変更され、（1）額面の通貨単位は2文字目以降は小文字となった。
（2）旧額面の抹消棒が追加された。なお、販売にあたり「砂川」印の押捺は継続された。
加刷色は赤もしくは黒。押捺色は朱。

cat#	額面	shade, paper	加刷色	✳	◉
3M13	1c/50c	grey olive & orange		9,000	7,500
3M13 a		Cente 誤植		50,000	45,000
3M14	2c/40c	orange & blue green		9,000	8,300
3M14 a		Cente 誤植		50,000	-
3M15	5c/12c	blue		8,300	9,000
3M15 a		Cente 誤植		50,000	-
3M16	8c/5c	red-brown		9,000	6,500
3M16 a		Cente 誤植		50,000	-
3M17	10c/6c	lake		12,000	12,500
3M17 a		Cente 誤植		50,000	-
3M18	12c/8c	grey olive		21,000	22,500
3M18 a		Cente 誤植		75,000	-
3M19	30c/4c	scarlet		120,000	125,000
3M19 a		Cente 誤植		-	-
3M20	40c/2c	green		22,500	25,000
3M20 a		Cente 誤植		75,000	-
3M21	50c/1c	grey olive & yellow		60,000	70,000
3M21 a		Cente 誤植		150,000	-
3M22	$1/4c	black & red		5,000	6,800
3M23	$2/5c	green & red		5,000	6,800
3M24	$5/6c	scarlet		5,000	6,800

ケランタン 額面改訂加刷切手に、FISCAL加刷

3M1〜 3M29の額面改訂加刷切手には、さらに FISCAL（「会計」の意）
と加刷された切手がある。

切手に加刷を行なったものは、収入印紙として郵便局で発売されたも
ので、郵便切手ではない。

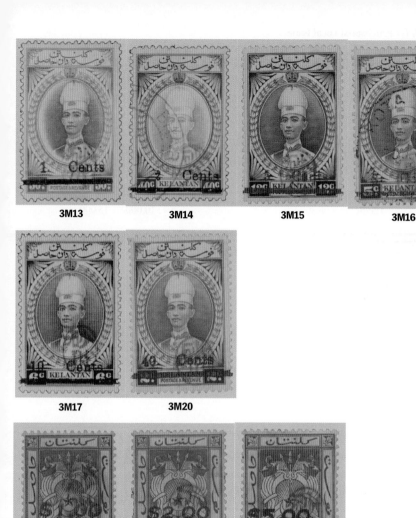

3M13　　3M14　　3M15　　3M16

3M17　　3M20

3M22　　3M23　　3M24

Cente 誤植

改訂額面加刷 Type II, IV, Vでは、加刷の通貨単位「Cents」の「s」
に、活字「e」をセットした切手（上図）が、Pos.41と Pos.91に
確認されている。（下図は正規の加刷）

ケランタン 額面改訂加刷 Type III KELANTAN Surchaged Type III

1942/8/

台切手: 英領ケランタン切手　　　　　　　Base stamp : Kelantan
製造地: コタバル郵便局　　　　　　　　　Produced at Kota Bahru

　Type I 同様の、（1）通貨単位が全て大文字、（2）旧額面抹消棒のない加刷が行われた切手に、「半田」印（ケランタン州官房主事 半田 新十郎の認め印）が押捺され販売された。加刷色は赤。押捺色は朱。

cat#	額面	shade, paper	加刷色	＊	◉
3M25	12c/8c grey olive			10,000	15,000

3M25

ケランタン 額面改訂加刷 Type I, III 認印のない切手

額面改訂加刷 Type I, III は、いずれも通貨単位に小文字が含まれず、旧額面の抹消棒がない点で同一である。この加刷が施された切手は、販売にあたり、砂川印ないし半田印が押捺され、例外はないと考えられていた。

しかし、4額面(5c/12c, 8c/5c, 12c/8c, 40c/2c) が印鑑押捺なしで発見されている。

今回のカタログの一覧に掲載せず、もう少し真贋を検証する事とする。

ケランタン 額面改訂加刷 Type IV KELANTAN Surchaged Type IV

1942/8/

台切手: 英領ケランタン切手　　　　Base stamp : Kelantan
製造地: コタバル郵便局　　　　　　Produced at Kota Bahru

　Type II 同様の、（1）通貨単位が2文字目以降小文字、（2）旧額面抹消棒のある加刷
が行われた切手に、「半田」印が押捺され販売された。

　加刷色は赤もしくは黒。押捺色は朱。

cat#	額面	shade, paper	加刷色	*	◉
3M26	1c/50c	grey olive & orange		8,000	11,000
3M26 a		Cente 誤植		60,000	-
3M27	2c/40c	orange & blue green		7,500	12,000
3M27 a		Cente 誤植		50,000	-
3M28	8c/5c	red-brown		6,000	9,000
3M28 a		Cente 誤植		50,000	-
3M29	10c/6c	lake		7,500	10,000
3M29 a		Cente 誤植		50,000	-

| 3M26 | 3M27 | 3M28 | 3M29 |

ケランタン地方切手、額面改訂の理由

ケランタン切手の額面改訂加刷は、高額切手に低額の加刷を行うと共に、低額切手に高額の加
刷を行う、一見すると不思議な運用がなされているが、これには理由があった。

日本がケランタンを占領した時に、ケランタン郵便局の外には無造作に投げ出された未使用切手
の山があり、盗難された切手もあろうことが推測された。

盗難品を正規品から区別する為の料額改訂では、盗まれた高額切手の意味をなくす目的で、高
額切手に低額の加刷を行う運用が決定された。

ケランタン 額面改訂加刷 Type V KELANTAN Surchaged Type V

1942/12/-

台切手: 英領ケランタン切手　　　　Base stamp : Kelantan
製造地: コタバル郵便局　　　　　　Produced at Kota Bahru

　ケランタン局に正規切手（ローマ字加刷切手）が到着した 1942 年 8 月末頃以降は、暫定地方切手であるケランタン額面改訂加刷切手は発売中止となった。

　しかし、Type II, IV 同様の、（1）通貨単位が 2 文字目以降小文字、（2）旧額面抹消棒のある加刷が行われた切手の在庫が残っていた為、認印を押捺せずに 1942 年 12 月以降、コタバル郵便局および昭南局、クアラルンプール局で、収集家向けに販売が開始された。フィラテリックな使用済が存在する。加刷色は赤もしくは黒。

cat#	額面	shade, paper	加刷色	✳	◉
3M30	1c/50c	grey olive & orange		2,500	2,500
3M30 a		Cente 誤植		12,500	-
3M31	2c/40c	orange & blue green		2,500	2,500
3M31 a		Cente 誤植		12,500	-
3M32	8c/5c	red-brown		2,500	2,500
3M32 a		Cente 誤植		12,500	-
3M33	10c/6c	lake		2,500	2,500
3M33 a		Cente 誤植		12,500	-
3M34	12c/8c	grey olive		2,500	2,500
3M34 a		Cente 誤植		12,500	-
3M35	30c/4c	scarlet		2,500	2,500
3M35 a		Cente 誤植		12,500	-
3M36	40c/2c	green		2,500	2,500
3M36 a		Cente 誤植		12,500	-
3M37	50c/1c	grey olive & yellow		2,500	2,500
3M37 a		Cente 誤植		12,500	-
3M38	$1/4c	black & red		2,500	-
3M39	$2/5c	green & red		2,500	-
3M40	$5/6c	scarlet		2,500	-

ケランタン 額面改訂加刷 Type V 新発見の報告

2 額面（5c/12c, 6c/25c）および加刷色バラエティ（40c/2c 黒）を発見した。

今回のカタログの一覧に掲載せず、もう少し真贋を検証する事とする。

3M30	3M30 a	3M31	3M32
3M33	3M34	3M35	3M36
3M37	3M38	3M39	3M40

ケランタン 紋章図案切手の額面抹消線は手押しか？

ケランタン額面改訂加刷切手の内、台が紋章図案の切手 6種類(3M22, 3M23, 3M24, 3M38, 3M39, 3M40)) の額面抹消線は、位置や間隔が切手により異なる上に、二重に抹消されたり、片方しか抹消されていないサンプルも見られることから、抹消線だけが手押しされたと推測している。

本カタログでは、手押加刷された切手の偶発的な二重加刷や逆加刷は、原則として一覧に掲載していない。

マラッカ 大型軍政印加刷 MALACCA Large Framed Ovpt.

1942/4/23

台切手: 英領海峡植民地　　　　　Base stamp : Straits Settlements
製造地: マラッカ郵便局　　　　　　Produced at Malacca

　1942年 4月 21日のマラッカ郵便局開局に伴い、昭南局から単枠軍政印加刷切手の配給を受ける予定だったが、間に合わなかった為、21日と 22日の両日は、収納印により切手の代用とし、この間、同局にあった英領海峡植民地切手に加刷を行い 23日から発売した。5月になると、昭南局から切手が到着し、この切手は役割を終えた。基本加刷色は赤。

cat#	額面	shade, paper	加刷色	*田	*	◉田	◉
4M1	**1c** black			42,000	**7,000**	36,000	6,000
4M1-sc			朱色	45,000	**7,500**	39,000	6,500
4M2	**2c** orange			30,000	**6,000**	30,000	6,000
4M3	**3c** green			30,000	**6,000**	30,000	6,000
4M4	**5c** brown			54,000	**9,000**	60,000	10,000
4M5	**8c** grey			81,000	**13,500**	60,000	10,000
4M6	**10c** dull purple			42,000	**7,000**	39,000	6,500
4M7	**12c** ultramarine			49,500	**8,300**	49,500	8,300

4M1

4M1-sc

4M2

4M3

4M4

4M5

4M6

4M7

cat#	額面	shade, paper	加刷色	＊田	＊	◉田	◉
4M8	15c	ultramarine		36,000	**6,000**	39,000	6,500
4M9	30c	dull purple & orange		-	**100,000**	-	-
4M10	40c	scarlet & dull purple		300,000	**50,000**	-	55,000
4M11	50c	black (green)		390,000	**65,000**	-	65,000

＊4M9は、マラッカ郵便局に、単片もしくは縦ペアの在庫しかなかったため、それらに対して手押し加刷が施された。

4M8

4M9

4M10

4M11

cat#	額面	shade, paper	加刷色	*田	*	◉田	◉
4M12	**$1** black& red (blue)			450,000	**75,000**	-	75,000
4M13	**$2** green & red			-	**100,000**	-	-
4M14	**$5** green & red (green)			-	**100,000**	-	-

*4M13, 4M14は、マラッカ郵便局に、単片もしくは縦ペアの在庫しかなかったため、それらに対して手押し加刷が施された。

4M12

4M13

4M14

マラッカ 大型軍政印加刷 MALACCA Large Framed Ovpt.

1942/4/23

台切手: MPU不足料切手   Base stamp : Malayan Postal Union postage dues
製造地: マラッカ郵便局   Produced at Malacca

英領海峡植民地切手に加えて、MPU（マライ郵便連合）の不足料切手を台切手にする加刷切手も同時に発行された。基本加刷色は赤。

cat#	額面	shade, paper	加刷色	*田	*	◉田	◉
4M15	1c	slate-purple		75,000	**12,500**	75,000	12,500
4M16	4c	green		125,000	**21,000**	125,000	21,000
4M17	8c	scarlet		-	**125,000**	-	100,000
4M18	10c	yellow-orange		135,000	**22,500**	-	22,500
4M19	12c	ultramarine		225,000	**37,500**	-	-
4M20	50c	black		-	**120,000**	-	100,000

4M15

4M16

4M17

4M18

4M19

4M20

ケダー ローマ字加刷 KEDAH Roman Letter Ovpt.

1942/5/13

台切手: ケダー
製造地: アロスター郵便局

Base stamp : Kedah
Produced at Alor Star post office

マライで最も早い 1942年 1月末に郵便局を再開したケダー州では、当初は英領ケダー切手が無加刷で使用されていたが、加刷機械が準備でき、ようやくローマ字加刷された切手を 5/13に発売した。加刷色は赤または黒。

なお、黒加刷の 3種(5M4-bl, 5M9-bl, 5M15-bl) は 1943年に少量発売された切手。

cat#	額面	shade, paper	加刷色	✳	◉
5M1	1c	black		250	425
5M2	2c	bright green		2,400	3,000
5M3	4c	violet		350	375
5M3 a		NIRPON誤植		3,250	3,250
5M4	5c	yellow		225	350
5M4 a		NIRPON誤植		3,250	3,250
5M4-bl			黒	20,000	21,000
5M5	6c	carmine		200	500
5M5 c		白紙		10,000	12,000
5M5 a		NIRPON誤植		3,250	3,250
5M6	8c	grey-black		250	200

英領ケダー切手の無加刷使用

南方占領地マライの中で、占領前の切手の無加刷使用がケダー・ペルリスとトレンガヌの2州で確認されている。

マライ占領下で最も早い 1942年1月末に郵便業務が再開されたケダー・ペルリスでは、当初は 8 duit の暫定葉書が発行され、それのみが使用された。

その後3月初めに、この暫定葉書と共に、英領ケダー切手(稲穂図案 1c、2c、4c、5c、6c、8c)と普通葉書(稲穂図案 2c)が無加刷のまま使用された。なお、英領ケダー切手には、稲穂図案のほかにサルタン図案の切手もあったが(10セント以上の額面)、それらの無加刷使用例は確認されていない。当時の郵便料金は、書状 12c 葉書 8c。カバー評価は 250,000円。右図は、1942/3/30の書状使用例。

4月 23日になると、英領マラヤの他地区と料金同一の、書状 8c、葉書 4cとなるが、5/13の暫定切手発行までは、暫定葉書には加刷が施されたものの、英領ケダー切手は引き続き無加刷で使用された。この期間のカバー評価は、200,000円。

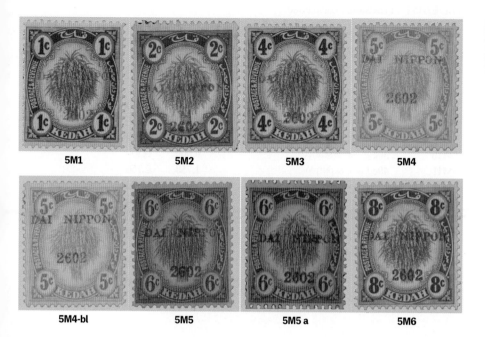

5M1   5M2   5M3   5M4

5M4-bl   5M5   5M5 a   5M6

NIRPON加刷

4セント、5セント、6セントの各額面に「NIPPON」が「NIRPON」と誤植されたエラーが確認されている。これらの切手は1シート 60面（横6枚・縦 10枚）構成であり、その pos.41に確認される。

pos.41   pos.42

『NIRPON 加刷』に似て非なるバラエティに、『NIPPO加刷』がある。「NIPPON」の最後の「N」が加刷されていないバラエティだが、これは、加刷版の活字欠けエラーが原因ではなく、部分的な印刷不良と推測している為、当カタログには掲載していない。

加刷位置ずれも偶発的なものと考えており、当カタログには掲載していない。

ケダー ローマ字加刷 KEDAH Roman Letter Ovpt.

cat#	額面	shade, paper	加刷色	＊	◉
5M7	10c	ultramarine & sepia		600	600
5M8	12c	black & violet		1,500	1,800
5M9	25c	ultramarine & purple		500	800
5M9-bl			黒	21,000	21,000
5M10	30c	green & scarlet		6,000	6,500
5M11	40c	black & purple		1,750	2,750
5M12	50c	brown & blue		2,000	3,000
5M13	$1	black & green		12,000	13,500
5M13 i		逆加刷		45,000	50,000
5M14	$2	green & brown		13,500	15,000
5M14 d		二重加刷		-	-
5M15	$5	black & scarlet		6,000	6,500
5M15-bl			黒	66,000	67,500

5M7

5M8

5M9　　　　**5M9-bl**

5M10

5M11

5M12

5M13

5M13 i

5M14

5M15

5M15-bl

ジョホール ローマ字加刷 JOHORE Roman Letter Ovpt.

発行日不明 issue date unknown

台切手: ジョホール
製造地: Johore Bahru

Base stamp : Johore
Produced at Johore Bahru

収入印紙として発行された紙片だが、他州に持ち込まれで作られた、フィラテリックな郵便使用例が存在する為、伝統的に南方占領地切手として扱われている。
基本加刷色は黒だが、他に青や赤も確認されている。赤加刷はプルーフの可能性がある一方、使用例も確認されている。

cat#	額面	shade, paper	加刷色	＊	◉
6M1	5c	dull purple & sage-green		300	300
6M2	6c	dull purple & claret		300	300
6M3	6c/1c	dull purple & black		300	300
6M4	6c/4c	dull purple & red		400	400
6M5	6c/5c	dull purple & sage-green		400	400
6M6	6c/8c	black & blue		400	400
6M7	6c/10c	dull purple & yellow		500	500
6M8	6c/40c	dull purple & brown		500	600
6M9	10c	dull purple & yellow		300	300
6M10	25c	dull purple & green		500	600
6M11	25c/5c	dull purple & sage-green		400	500
6M12	25c/8c	black & blue		500	500
6M13	25c/30c	dull purple & orange		400	500
6M13A	30c	dull purple & orange		5,000	-
6M14	40c	dull purple & brown		500	600
6M15	50c	dull purple & red		500	600

6M1

6M2

6M3

6M5

6M6

6M8

6M9

6M10

6M11

6M12

6M13

6M13A

6M14

6M15

ジョホール ローマ字加刷 JOHORE Roman Letter Ovpt.

cat#	額面	shade, paper	加刷色	✴	◉
6M16	$1 green & mauve			800	800
6M16-c			青	10,000	-
6M17	$1/1c dull purple & black			900	1,000
6M18	$1/40c dull purple & brown			1,500	2,000
6M19	$2 green & carmine			4,000	4,500
6M20	$2/40c dull purple & brown			1,500	1,500
6M21	$3 green & blue			5,000	5,000
6M22	$4 green & brown			6,500	7,500
6M23	$5 green & orange			4,000	5,000
6M23-c			青	10,000	-
6M24	$5/40c dull purple & brown			4,000	5,000
6M25	$10 green & black			6,000	8,500
6M26	$50 green & ultramarine			15,000	17,500
6M26-c			青	25,000	-
6M27	$100 green & scarlet			35,000	40,000
6M27-r			赤	50,000	60,000
6M28	$500 blue & red-brown			110,000	125,000

手押し加刷と機械加刷

これまでの研究では、ジョホール州のローマ字加刷は1種のみで、細かな分類はされていない。。しかし「手押し加刷」「機械加刷」と思われる、明らかに異なる2種に分類できる為、今後の研究が待たれる。なお、手押しによる加刷バラエティが存在しやすいことから、加刷の一部もれや位置ずれについては、偶発的なものと捉え、本カタログでは掲載していない。

手押し加刷（DAI NIPPON と 2602 の間が狭い）　機械加刷（DAI NIPPON と 2602 の間が広い）

| 6M16 | 6M16-c | 6M17 | 6M18 |

| 6M19 | 6M20 | 6M23 | 6M24 |

| 6M25 | 6M26 | 6M26-c | 6M27 |

6M28

英領トレンガヌ切手の無加刷使用

南方占領地マライの中で、占領前の切手の無加刷使用がケダー・ペルリスとトレンガヌで報告されている。

トレンガヌ州での郵便局再開日はわかっていないが、1942年 3月 5日の使用例が最初期データとして記録されている。

9月末日に単枠軍政印加刷されたトレンガヌ切手が到着するまで、英領トレンガヌ切手(サルタン図案 1c、2c、2c/5c、3c、4c、5c、6c、8c、8c/10c、10c、20c、35c)、普通葉書(2c)、が無加刷で使用された。

8月になると書留封筒の無加刷使用例もあり、マライ占領地の中では、書留郵便がかなり早い時期に開始されていたことがわかる。カバー評価　200,000円。

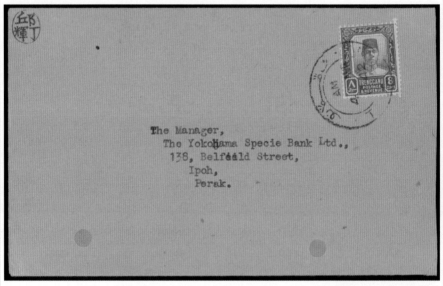

図5　TRENGGANU 4 AUG 42 → IPOH / Perak　8 セント書状料金

正規切手
Regular issue
1942-45

一覧

大分類	細分類	加刷方法	発行年	備考
単枠軍政印加刷	9種	手押し	1942/3-9月	
ローマ字加刷	Type I	機械印刷	1942/5 10月	
	Type II	機械印刷	1942/11/3	セランゴール園芸博
	Type III	機械印刷	1942/11月	
漢字加刷	Type I	機械印刷	1942/12月	縦一行
	Type II	機械印刷	1942/12月	横一行
	Type III	機械印刷	1944/12/16	
正刷切手		—	1943-1945	

マライ軍政部郵政局は、1942/3/16に昭南郵便局を開局すると、次は、マライ全土で使用する正規切手の発行を計画した。

正規切手の発行にあたっては、各郵便局に在庫されている英領切手を一旦昭南局およびクアラルンプール局に回収した上で、統一的な加刷をして発行することとした。

加刷方法については、加刷機械が調達できるまでの期間は、手押加刷を行うこととし、その為に『二重枠軍政印』に似た鉄製の『単枠軍政印』を9個作成した。加刷作業は、クアラルンプール局開局の 1942/4/3に行われたが、3/30に昭南局で発売開始された切手も存在する。

なお、加刷後の切手については、原則として、台切手の種類に関わらずマライ全土の郵便局に配布され、全土で使用できた。

1942年 5月になると昭南局に加刷機械が調達できた為、以後は手押し加刷切手は原則として製造されなくなった。機械加刷の版は当初はローマ字で製造され、1942年 12月以降は漢字に変わった。

1943年になり、ジャワ島のコルフ印刷所で正刷切手の製造の目処が立つと、正刷切手が導入され、それ以降、加刷切手の発行点数は大幅に減少した。

正規切手・単枠軍政印加刷
Regular issue Single Framed Ovpt.
1942

台切手・加刷方向一覧

台切手	加刷向き	発行日	販売地の限定
海峡植民地	正方向	1942/3/30	
Negri Sembilan	正方向	1942/4/3	
Pahang	正方向	1942/4/3	
Perak	正方向	1942/4/3	
Selangor	正方向	1942/4/3	
	左頭	1942/4/3	
Trengganu	正方向	1942/9/-	Trengganu
Kelantan	正方向	不明	
Malayan Postal Union	正方向	1942/3/30	
Johore	正方向	不明	Johore
Trengganu	左頭	1942/9/-	Trengganu

トレンガヌ、ジョホールの切手は加刷ののち全てそれぞれの州に戻された

単枠軍政印加刷9タイプの版の行方について

単枠軍政印加刷には9つのタイプが存在します。

最初にタイプ1が昭南局に配給され、書状額面用の8c切手（7M7-r）が製造され発売されました。なお、この切手は昭南 二重枠軍政印加刷切手（1M1-1M13）の後継として登場した為、初日カバー等の記念マテリアルは作られていませんが、最初期使用日は1942年3月30日です。

タイプ2〜9は、クアラルンプール局（セランゴール州）開局の1942年4月3日に合わせて準備されたものですが、その内タイプ2と3は早い時期に昭南局へ移動になりました。

したがって、タイプ4〜9の加刷は大半がクアラルンプール局で行われた事になります。加刷色は紫、茶、赤、黒の順に変化していますが、それぞれの中間色（紫茶、赤紫、赤茶など）も存在します。

この事から分かるとおり、紫加刷は初期製造であり、1セントから15セントまでの額面にのみ使用されており、また開局日に作られた初日カバーの加刷色の多くは紫色で、茶色が若干存在する程度です。

また、ローマ字加刷切手が登場すると、タイプ4〜9の版も昭南局に移管されました。

『単枠軍政印』のタイプ分類

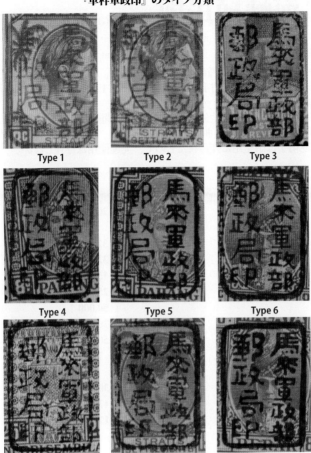

Type	「郵」のおおざと	「局」の第3画	「軍」	その他
1	小さい	短い	ワかんむりの幅が広い	
2	Bのよう	長い	第1画が外を見ている	
3	上が尖っている			
4	上方の膨らみ大			
5			縦棒の下が出ていない	四隅の枠の形が整っている。「來」の縦棒の上が出ていない
6			ワかんむりの幅が狭い	
7	尖っている			
8	尖っている		ワかんむりの幅が狭い	
9	大きい			枠の形が角ばっている。「印」のへんが上に出ている

台切手:海峡植民地 Base stamp:Straits Settlements

1942/3/30

製造地: 昭南郵便局　　　　　　　　　　　Produced at SYONAN Post Office

メインナンバーだけで約 150種の『単枠軍政印』は、昭南局に配備されたタイプ1を海峡植民地 8c 切手に加刷した切手（7M7-bl）を昭和 17年 3月 30日に発行したのを皮切りに発行が始まった。

その後、クアラルンプール局でタイプ2～9が使用開始となったが、タイプ 2, 3については早期に昭南局に移管され、同局にて使用された。なお、その内タイプ3を赤加刷した海峡植民地切手は贈呈用に作られたもので、実逓使用は存在しない。

cat#	額面	shade, paper	加刷色	*	◉	存在するタイプ		
7M1-bl	1c	black	黒	20,000	22,500	5		8 9
7M1-r			赤	300	250	1 2 3	5	
7M1-br			茶	32,500	32,500	5		
7M1-v			紫	32,500	32,500	3 4		9
7M1 i-r		逆加刷	赤	15,000	-	1 2 3		
7M2-bl	2c	green	黒	125,000	-			9
7M2-r			赤	50,000	-	3 5		
7M2-v			紫	120,000	120,000	3		9
7M2 i-r		逆加刷	赤	50,000	-	3		
7M3-bl	2c	orange	黒	7,500	9,000	4		8 9
7M3-r			赤	275	250	1 2 3	5	
7M3-br			茶	30,000	30,000			9
7M3-v			紫	12,500	12,500	3 4 5		9
7M3 i-r		逆加刷	赤	17,500	-	1 3		

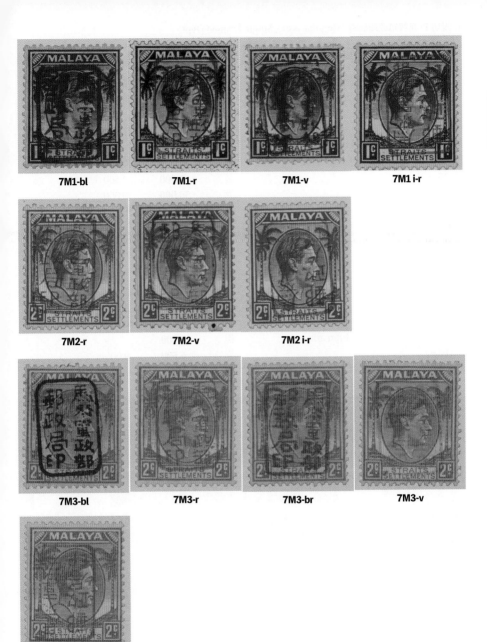

7M1-bl	7M1-r	7M1-v	7M1 i-r

7M2-r	7M2-v	7M2 i-r

7M3-bl	7M3-r	7M3-br	7M3-v

7M3 i-r

*『単枠軍政印』加刷切手（7M1-7M149）については、手押加刷された切手であるため、偶発的な
二重加刷は、原則として一覧に掲載していない。

台切手:海峡植民地 Base stamp:Straits Settlements

cat#	額面	shade, paper	加刷色	*	◉	存在するタイプ	
7M4-bl	3c green		黒	17,500	18,000	5	9
7M4-r			赤	260	250 1 2	5	
7M4-v			紫	30,000	30,000	5	
7M4 i-r		逆加刷	赤	14,000	- 3		
7M5-bl	5c brown		黒	30,000	30,000	4	9
7M5-r			赤	2,000	2,500 1 2 3		
7M5-v			紫	30,000	30,000		
7M6-bl	6c red		黒	50,000	50,000		9
7M6-r			赤	37,500	- 1	5	
7M7-bl	8c grey		黒	17,500	20,000	5	
7M7-r			赤	325	250 1 2 3	5	
7M7 i-r		逆加刷	赤	17,500	- 2 3		
7M8-bl	10c dull purple		黒	17,500	17,500 3		8 9
7M8-r			赤	3,000	3,250 1 2 3	5	
7M8-br			茶	40,000	40,000 3		
7M9-bl	12c ultramarine		黒	18,500	-		9
7M9-r			赤	6,500	9,000 1 2 3	5	
7M9-v			紫	21,000	-	5	

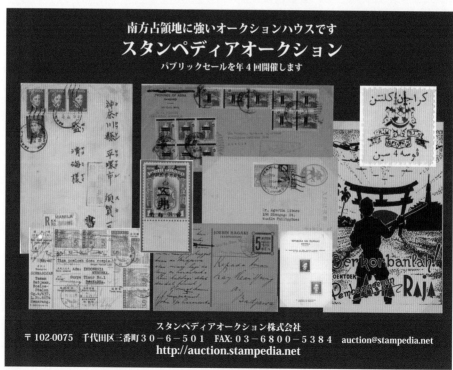

7M4-bl   7M4-r   7M4 i-r

7M5-bl   7M5-r   7M6-bl   7M6-r

7M7-bl   7M7-r   7M7 i-r

7M8-bl   7M8-r   7M9-r

台切手:海峡植民地 Base stamp:Straits Settlements

cat#	額面	shade, paper	加刷色	*	◉	存在するタイプ
7M10-bl	15c	ultramarine	黒	22,500	25,000	3 8
7M10-r			赤	375	275	1 2 3 5
7M10-v			紫	35,000	33,000	3 8 9
7M10 i-r		逆加刷	赤	17,500	-	1 3
7M11-bl	25c	purple & scarlet	黒	50,000	-	5 9
7M11-r			赤	49,000	49,000	6
7M12-bl	30c	dull purple & orange	黒	150,000	-	4 5 9
7M12-br			茶	150,000	150,000	4
7M13-bl	40c	scarlet & dull purple	黒	30,000	-	3 9
7M13-r			赤	6,500	8,000	1 2 3 5 8
7M13-br			茶	27,500	25,000	3 8
7M14-bl	50c	black (green)	黒	16,500	15,000	9
7M14-r			赤	4,250	5,000	1 2 3
7M15-bl	$1	black & red (blue)	黒	16,500	18,000	9
7M15-r			赤	6,500	7,500	1 2 3
7M16-bl	$2	green & red	黒	50,000	-	9
7M16-r			赤	12,500	13,500	1 2 3
7M17-bl	$5	green & red (green)	黒	60,000	-	3 9
7M17-r			赤	15,000	16,500	1 3

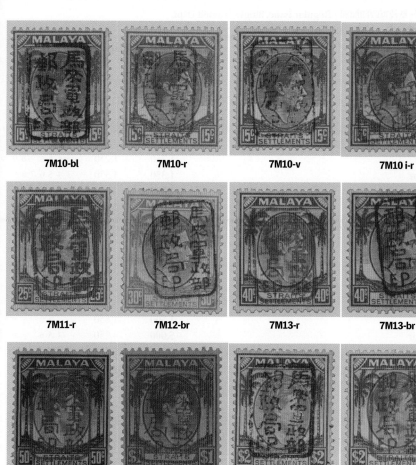

7M10-bl	7M10-r	7M10-v	7M10 i-r

7M11-r	7M12-br	7M13-r	7M13-br

7M14-r	7M15-r	7M16-bl	7M16-r

7M17-r

正規切手・単枠軍政印加刷 / Regular issue, Single Framed Ovpt.

台切手: ネグリセンビラン Base stamp: Negri Sembilan

1942/4/3

製造地: クアラルンプール郵便局　　　Produced at Kuala Lumpur post office

昭和17年4月3日、セランゴール州クアラルンプール局の開局に合わせて加刷された。

cat#	額面	shade, paper	加刷色	＊	◉	存在するタイプ
7M18-bl	1c	black	黒	3,750	3,500	3 4 5 6 7 8 9
7M18-r			赤	1,750	1,250	3 4 5 6 7 8 9
7M18-br			茶	1,350	1,350	3 4 5 6 7 8 9
7M18-v			紫	1,800	1,800	3 4 5 6 7 8 9
7M18 L-v		左頭加刷	紫	14,000	14,000	9
7M19-bl	2c	green	黒	25,000	25,000	7 9
7M20-bl	2c	orange	黒	3,000	2,500	3 4 5 7 8 9
7M20-r			赤	1,500	1,250	3 4 5 6 7 8 9
7M20-br			茶	4,000	3,300	3 4 5 6 7 8 9
7M20-v			紫	3,250	2,500	3 4 7 8 9
7M21-bl	3c	green	黒	3,900	3,750	5 7 8
7M21-r			赤	1,800	1,650	5 6 9
7M21-br			茶	5,000	4,250	4 5 6 9
7M21-v			紫	2,100	2,750	3 4 5 7 8 9
7M21 L-v		左頭加刷	紫	17,500	17,500	9
7M22-bl	4c	orange	黒	25,000	25,000	9

7M18-bl

7M18-r

7M18-br

7M18-v

7M19-bl

| 7M20-bl | 7M20-r | 7M20-br | 7M20-v |

| 7M21-bl | 7M21-r | 7M21-br | 7M21-v |

7M21 L-v   7M22-bl

台切手:ネグリセンビラン Base stamp:Negri Sembilan

cat#	額面	shade, paper	加刷色	＊	●	存在するタイプ
7M23-bl	5c	brown	黒	2,100	1,800	5 6 8 9
7M23-r			赤	1,250	1,000	3 4 5 6 7 8 9
7M23-br			茶	1,600	1,350	2 3 4 5 6 7 8 9
7M23-v			紫	3,600	3,000	3 4 5 7 8
7M23 L-v		左頭加刷	紫	-	40,000	9
7M24-bl	6c	red	黒	33,000	30,000	5
7M24-r			赤	60,000	-	9
7M24-br			茶	55,000	-	5
7M25-bl	6c	grey	黒	11,000	11,000	5
7M25-br			茶	30,000	30,000	3 4 5
7M25-v			紫	13,500	13,500	4 5
7M26-bl	8c	grey	黒	24,000	24,000	5
7M26-v			紫	36,000	36,000	5
7M27-bl	8c	scarlet	黒	5,000	4,250	5
7M28-bl	10c	dull purple	黒	10,000	10,000	3 5 6
7M28-r			赤	11,000	11,000	5
7M28-br			茶	19,000	19,000	3
7M28-v			紫	6,000	6,750	5
7M29-bl	12c	ultramarine	黒	50,000	50,000	5
7M29-br			茶	60,000	60,000	4 5

7M23-bl

7M23-r

7M23-br

7M23-v

7M23 L-v

7M24-bl

7M24-r

7M24-br

7M25-bl

7M25-br

7M26-bl

7M27-bl

7M28-bl

7M28-br

7M29-bl

7M29-br

台切手:ネグリセンビラン Base stamp:Negri Sembilan

cat#	額面	shade, paper	加刷色	*	◉	存在するタイプ
7M30-bl	15c ultramarine		黒	1,800	1,800	8
7M30-r			赤	1,500	750	3 4 5 6 7 8 9
7M30-br			茶	2,400	1,100	3 4 5 6 7 8 9
7M30-v			紫	3,500	2,500	3 4 5 6 7 9
7M31-bl	25c purple & scarlet		黒	2,500	3,300	3 4 5 6 7 8
7M31-r			赤	6,000	7,250	3 5
7M31-br			茶	19,000	19,000	3 4 9
7M31-v			紫	10,000	11,000	3
7M32-bl	30c dull purple & orange		黒	12,500	13,500	5 7
7M32-br			茶	50,000	50,000	3
7M32-v			紫	21,000	21,000	3
7M33-bl	40c scarlet & dull purple		黒	60,000	60,000	3 5
7M33-br			茶	65,000	65,000	3
7M34-bl	50c black (green)		黒	27,500	27,500	5 8
7M34-r			赤	30,000	30,000	5
7M35-bl	$1 black & red (blue)		黒	11,500	12,500	5 8 9
7M35-r			赤	11,500	12,500	2 5 7 8
7M35-br			茶	37,500	37,500	3 8
7M36-bl	$2 green & red		黒	70,000	70,000	5
7M36-br			茶	90,000	90,000	3
7M37-bl	$5 green & red (green)		黒	35,000	37,500	5 8 9
7M37-r			赤	50,000	55,000	8

| 7M30-r | 7M30-br | 7M30-v |

7M31-bl   7M31-r   7M31-br

7M32-bl   7M32-br   7M33-bl   7M33-br

7M34-bl   7M35-bl   7M35-r   7M35-br

7M36-bl   7M37-bl   7M37-r

台切手:パハン Base stamp:Pahang

1942/4/3
製造地: クアラルンプール郵便局　　　　Produced at Kuala Lumpur post office

cat#	額面	shade, paper	加刷色	*	◉	存在するタイプ
7M38-bl	1c	black	黒	2,750	2,750	5 7 9
7M38-r			赤	2,750	2,500	5
7M38-br			茶	12,000	12,000	3 5 8
7M38-v			紫	18,500	18,500	3 5 8 9
7M39-bl	2c	green	黒	42,500	42,500	9
7M39-br			茶	65,000	65,000	5
7M40-bl	3c	green	黒	11,000	12,000	5
7M40-r			赤	21,000	25,000	
7M40-br			茶	42,000	42,000	4 9
7M40-v			紫	42,000	42,000	3 9
7M41-bl	4c	orange	黒	40,000	40,000	9
7M42-bl	5c	brown	黒	1,100	750	5 6 8 9
7M42-r			赤	10,000	9,000	1 5 6 7
7M42-br			茶	12,500	9,000	4 5 7 8 9
7M42-v			紫	32,500	22,500	3 5
7M43-bl	6c	red	黒	50,000	50,000	5
7M43-v			紫	65,000	65,000	

7M38-v

7M39-br

7M40-bl

7M40-br

7M40-v

7M42-bl

7M42-r

7M42-br

7M42-v

7M43-bl

台切手:パハン　Base stamp:Pahang

cat#	額面	shade, paper	加刷色	✳	◉	存在するタイプ
7M44-bl	8c grey		黒	18,500	18,500	5 6 7 9
7M45-bl	8c scarlet		黒	2,000	900	3 4 5 6 7 8 9
7M45-r			赤	7,500	5,000	3 4 5 8 9
7M45-br			茶	8,500	7,500	3 4 5 6 7 8 9
7M45-v			紫	7,750	6,000	3 4 5 6 7 8 9
7M46-bl	10c dull purple		黒	7,000	6,000	5 9
7M46-r			赤	10,000	11,000	3 5 8
7M46-br			茶	21,000	18,000	3 4 5 8 9
7M46-v			紫	21,000	20,000	8
7M47-bl	12c ultramarine		黒	110,000	110,000	3 5
7M47-r			赤	112,500	112,500	5
7M47-br			茶	100,000	100,000	4
7M48-bl	15c ultramarine		黒	7,500	7,500	5 7 9
7M48-r			赤	12,000	12,000	5
7M48-br			茶	27,500	27,500	4 9
7M48-v			紫	42,500	42,500	3 7 9
7M49-bl	25c purple & scarlet		黒	1,800	2,750	3 5 6 7

7M44-bl 7M45-r 7M45-br 7M45-v

7M46-bl 7M46-r 7M46-br

7M47-bl 7M47-r 7M47-br

7M48-bl 7M48-br 7M48-v 7M49-bl

台切手:パハン　Base stamp:Pahang

cat#	額面	shade, paper	加刷色	*	◉	存在するタイプ
7M50-bl	30c	dull purple & orange	黒	1,100	2,400	5 6 　8 9
7M50-r			赤	12,500	15,000	1 　5 　8
7M50-br			茶	15,000	-	4
7M51-bl	40c	scarlet & dull purple	黒	1,500	2,500	3 　5 　8 9
7M51-r			赤	5,000	5,250	3 　5 　8
7M51-br			茶	16,000	16,500	3 4 　8
7M52-bl	50c	black (green)	黒	27,000	30,000	5
7M52-r			赤	35,000	36,000	4 　8
7M53-bl	$1	black & red (blue)	黒	21,000	21,000	6 7 8 9
7M53-r			赤	8,500	9,000	5 　7 8
7M53-br			茶	45,000	45,000	4 　9
7M54-bl	$2	green & red	黒	90,000	90,000	5
7M55-bl	$5	green & red (green)	黒	50,000	60,000	3 4 5 　8 9
7M55-r			赤	72,500	75,000	5 　8

7M50-bl

7M50-r

7M50-br

7M51-bl

7M51-r

7M51-br

7M52-bl

7M52-r

7M53-bl

7M53-r

7M53-br

7M54-bl

7M55-bl

7M55-r

台切手:ペラー Base stamp:Perak

1942/4/3

製造地: クアラルンプール郵便局　　　　　　　Produced at Kuala Lumpur post office

cat#	額面	shade, paper	加刷色	✳	◉	存在するタイプ
7M56-bl	1c	black	黒	**3,900**	3,000	4 5 6 7
7M56-r			赤	**-**	-	8
7M56-br			茶	**7,500**	7,500	3 4 8
7M56-v			紫	**8,500**	7,750	3 5 8 9
7M57-r	2c	green	赤	**25,000**	27,000	5
7M57-v			紫	**-**	-	5
7M58-bl	2c	orange	黒	**2,000**	1,750	5 6 7 9
7M58-r			赤	**3,900**	3,000	5 6 8 9
7M58-br			茶	**4,500**	5,000	3 4 5 6 8 9
7M58-v			紫	**6,500**	6,500	3 4 5 6 7 9
7M59-bl	3c	green	黒	**2,100**	2,250	3 5 7 8
7M59-r			赤	**18,500**	18,500	5
7M59-br			茶	**13,500**	13,500	3 4 6 9
7M59-v			紫	**22,500**	22,500	3
7M60-bl	5c	brown	黒	**650**	600	5 6 9
7M60-r			赤	**12,000**	12,500	1 4 6 9
7M60-br			茶	**2,000**	2,000	3 4 6 7 9
7M60-v			紫	**12,000**	12,500	3

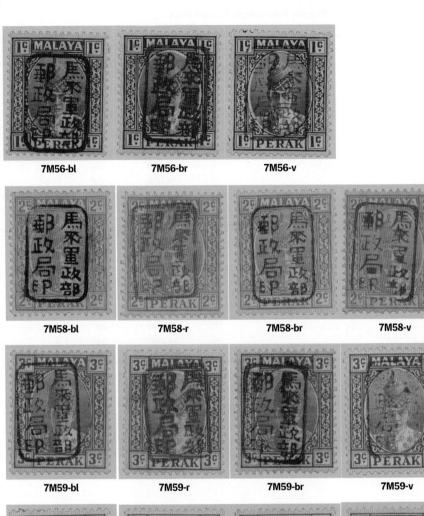

7M56-bl   7M56-br   7M56-v

7M58-bl   7M58-r   7M58-br   7M58-v

7M59-bl   7M59-r   7M59-br   7M59-v

7M60-bl   7M60-r   7M60-br   7M60-v

台切手：ペラー Base stamp:Perak

cat#	額面	shade, paper	加刷色	*	◉	存在するタイプ
7M61-bl	6c	red	黒	30,000	30,000	5
7M62-bl	8c	grey	黒	3,750	3,000	4 5 6 9
7M62-r			赤	25,000	17,500	5 6 9
7M62-br			茶	25,000	20,000	4 5 9
7M62-v			紫	25,000	20,000	5 6
7M63-bl	8c	scarlet	黒	1,650	3,300	4 5 6 8
7M63-r			赤	25,000	23,000	5 9
7M63-v			紫	25,000	23,000	3 9
7M64-bl	10c	dull purple	黒	1,650	2,250	3 5 6 7 9
7M64-r			赤	15,000	13,500	3 4 5
7M64-br			茶	15,000	13,750	4 5
7M64-v			紫	15,000	13,750	5
7M65-bl	12c	ultramarine	黒	15,000	15,000	3 5 7 9
7M65-r			赤	-	-	5
7M65-v			紫	-	-	9
7M66-bl	15c	ultramarine	黒	1,650	2,400	3 5 6 7
7M66-r			赤	10,000	10,000	4 5
7M66-br			茶	16,500	15,000	3 4 5
7M66-v			紫	16,500	15,000	8 9

7M61-bl

7M62-bl	7M62-r	7M62-br	7M63-bl
7M64-bl	7M64-r	7M65-bl	7M65-r
7M66-bl	7M66-r	7M66-br	7M66-v

台切手:ペラー　Base stamp:Perak

cat#	額面	shade, paper	加刷色	*	◉	存在するタイプ
7M67-bl	25c	purple & scarlet	黒	1,350	2,100	3　5　　7 8
7M67-r			赤	7,500	7,500	6
7M67-v			紫	8,500	8,500	5
7M68-bl	30c	dull purple & orange	黒	1,600	3,000	3　5 6 7 8
7M68-r			赤	3,000	4,500	4 5
7M68-br			茶	18,000	18,000	4
7M68-v			紫	10,000	10,000	5
7M69-bl	40c	scarlet & dull purple	黒	16,500	17,500	5　　　9
7M69-r			赤	-	-	5　7
7M69-br			茶	30,000	30,000	3
7M70-bl	50c	black (green)	黒	3,250	4,250	3 4 5 6　9
7M70-r			赤	4,250	5,000	2 3　5
7M70-br			茶	18,000	18,000	3 4
7M71-bl	$1	black & red (blue)	黒	27,500	27,500	5　　9
7M71-br			茶	50,000	50,000	4 5　9
7M72-bl	$2	green & red	黒	150,000	150,000	3　5 6
7M73-bl	$5	green & red (green)	黒	45,000	-	3 4 5 6　9
7M73-br			茶	100,000	100,000	9

7M67-bl　　　　7M67-r

7M68-bl　　　　7M68-r　　　　7M68-br

7M69-bl   **7M69-br**

7M70-bl   **7M70-r**   **7M70-br**

7M71-bl   **7M71-br**   **7M72-bl**

7M73-bl   **7M73-br**

台切手: セランゴール Base stamp:Selangor

1942/4/3

製造地: クアラルンプール郵便局　　　　Produced at Kuala Lumpur post office

セランゴール州切手への加刷は縦押し、横押しの二通りがあり、当初より混在している。

cat#	額面	shade, paper	加刷色	*	◉	存在するタイプ
7M74-bl	1c black		黒	1,650	2,000	5　　8
7M74-r			赤	2,000	2,400	3　5 6 7 8
7M74-br			茶	2,750	3,250	5　　7 8 9
7M74-v			紫	2,750	3,000	4 5 6　8 9
7M75-bl	2c green		黒	75,000	-	6
7M75-r			赤	60,000	60,000	5
7M75-v			紫	60,000	60,000	3　5　　9
7M76-bl	2c orange		黒	4,250	4,750	3　5　　9
7M76-r			赤	11,000	12,000	5
7M76-br			茶	7,500	8,500	4 5 6 7 8
7M76-v			紫	18,000	13,500	3 4　　7　9
7M77-bl	3c green		黒	2,000	2,000	4 5 6
7M77-r			赤	1,800	2,000	5　　7　9
7M77-br			茶	1,800	1,800	3 4 5 6 7
7M77-v			紫	6,000	5,000	4　　7　9
7M78-bl	4c orange		黒	50,000	50,000	5　　8
7M79-bl	5c brown		黒	650	600	5　　8
7M79-r			赤	-	-	5
7M79-br			茶	5,000	5,000	3 4 5　　8
7M79-v			紫	2,750	3,000	3 4　6 7 8 9

7M74-r

7M74-br

7M74-v

7M75-bl　　　　　7M75-v

7M76-bl

7M76-r

7M76-br

7M76-v

7M77-bl

7M77-r

7M77-br

7M77-v

7M79-bl

7M79-br

7M79-v

台切手:セランゴール Base stamp:Selangor

cat#	額面	shade, paper	加刷色	✳	◉	存在するタイプ
7M80-bl	6c	red	黒	**20,000**	20,000	5　　9
7M81-bl	8c	grey	黒	**1,800**	2,500	5　7　9
7M81-r			赤	**3,900**	3,000	3　5
7M81-v			紫	**3,300**	3,000	3 4 5 6 7 8 9
7M82-bl	10c	dull purple	黒	**1,350**	1,800	5　　9
7M82-r			赤	**3,900**	3,900	5
7M82-v			紫	**5,000**	4,000	5
7M83-br	12c	ultramarine	茶	**-**	-	
7M84-bl	15c	ultramarine	黒	**-**	-	3　5
7M84-r			赤	**3,900**	4,200	5　7　9
7M84-br			茶	**4,750**	4,200	7
7M84-v			紫	**-**	-	2 3 4 5 6　9
7M85-bl	30c	dull purple & orange	黒	**-**		5
7M86-bl	40c	scarlet & dull purple	黒	**-**		
7M87-bl	$1	black & red (blue)	黒	**-**	125,000	5
7M88-bl	$2	green & red	黒	**125,000**	-	3
7M89-bl	$5	red & green (green)	黒	**75,000**	-	5
7M89 i-bl		逆加刷	黒	**60,000**	60,000	5
7M90-bl	$1	black & red (blue)	黒	**3,000**	4,250	3　5 6 7 8 9
7M90-r			赤	**10,000**	12,000	1　3　5 6　8
7M91-bl	$2	green & red	黒	**3,600**	5,000	3　5 6 7 8 9
7M91-r			赤	**25,000**	27,500	6
7M92-bl	$5	green & red (green)	黒	**5,750**	7,500	3　5 6 7 8 9

7M80-bl

7M81-bl　　　　　**7M81-r**　　　　　**7M81-v**

7M82-bl 7M82-r

7M84-r

7M84-br

7M84-v

7M85-bl

7M87-bl

7M88-bl

7M89-bl

7M89 i-bl

7M90-bl

7M90-r

7M91-bl

7M91r

7M92-bl

69

台切手: セランゴール Base stamp:Selangor

1942/4/3

製造地: クアラルンプール郵便局　　　　　Produced at Kuala Lumpur post office

セランゴール州切手への加刷は縦押し、横押しの二通りがあり、当初より混在している。

cat#	額面	shade, paper	加刷色	*	◉	存在するタイプ
7M93-bl	1c	black	黒	1,100	1,800	3 4 5 6 7　9
7M93-r			赤	2,000	2,400	5 6
7M93-br			茶	2,750	3,300	5
7M93-v			紫	2,700	3,000	2 3　　　9
7M93 R-bl		右頭加刷	黒	1,750	2,250	5 6
7M94-bl	2c	green	黒	50,000	50,000	5　9
7M94-r			赤	60,000	60,000	5
7M94-br			茶	-	60,000	5
7M94-v			紫	60,000	60,000	5　9
7M95-bl	2c	orange	黒	3,900	4,200	5　7　9
7M95-r			赤	11,000	12,000	5
7M95-br			茶	5,500	6,000	4 5　　8
7M95-v			紫	18,000	13,500	5
7M95 R-bl		右頭加刷	黒	4,000	4,250	7　9
7M95 R-br		右頭加刷	茶	5,500	6,000	4 5
7M96-bl	3c	green	黒	1,800	1,650	3 4 5 6 7　9
7M96-r			赤	-	10,000	3
7M96-br			茶	1,650	1,500	2 3 4 5 6 7 8 9
7M96 R-bl		右頭加刷	黒	1,800	1,650	3　5 6 7 8 9
7M96 R-r		右頭加刷	赤	1,650	1,500	5 6
7M96 R-br		右頭加刷	茶	1,650	1,500	4　　7 8

7M93-bl

7M93-r

7M93-br

7M93-v

7M93 R-bl

7M94-bl　　　　**7M94-br**

7M95-bl

7M95-br

7M95 R-bl

7M95 R-br

7M96-bl

7M96-r

7M96-br

7M96 R-bl

7M96 R-r

7M96 R-br

台切手:セランゴール　Base stamp:Selangor

cat#	額面	shade, paper	加刷色	✱	◉	存在するタイプ
7M97-bl	4c	orange	黒	50,000	50,000	5
7M98-bl	5c	brown	黒	500	500	3　5 6 7 8 9
7M98-r			赤	1,000	1,350	5 6
7M98-br			茶	5,000	5,000	4 5　　8 9
7M98-v			紫	2,100	2,500	2 3　5
7M98 R-bl		右頭加刷	黒	1,000	1,000	5 6　9
7M98 R-r		右頭加刷	赤	1,900	-	5 6
7M98 R-br		右頭加刷	茶	6,000	6,000	1　4　6
7M99-bl	6c	red	黒	18,000	18,000	5　9
7M99-r			赤	20,000	20,000	4 5 6
7M99-br			茶	33,000	33,000	4　9
7M99 R-bl		右頭加刷	黒	25,000	-	5　9
7M99 R-r		右頭加刷	赤	45,000	-	5
7M100-bl	8c	grey	黒	1,600	1,600	4 5 6 7　9
7M100-r			赤	3,600	2,750	4 5 6　9
7M100-br			茶	6,500	3,900	4 5 6　9
7M100-v			紫	3,300	3,000	8
7M100 R-bl		右頭加刷	黒	2,000	2,250	5 6 7　9
7M100 R-r		右頭加刷	赤	4,000	5,000	5
7M100 R-br		右頭加刷	茶	6,500	3,900	5　7 8 9

7M98-bl

7M98-r

7M98-v

7M98 R-bl

7M99-bl

7M99-r

7M99-br

7M99 R-bl

7M99 R-r

7M100-bl

7M100-r

7M100-br

7M100 R-bl

7M100 R-r

7M100 R-br

台切手:セランゴール Base stamp:Selangor

cat#	額面	shade, paper	加刷色	*	◉	存在するタイプ
7M101-bl	10c	dull purple	黒	1,200	2,000	3　5 6 7　9
7M101-r			赤	3,750	3,750	6
7M101-br			茶	5,000	3,900	3　5
7M101 R-bl		右頭加刷	黒	2,000	3,000	3　5
7M101 R-br		右頭加刷	茶	6,000	4,250	3　5
7M102-bl	12c	ultramarine	黒	4,200	4,200	3　5 6
7M102-r			赤	9,500	9,500	5
7M102-br			茶	9,500	9,500	4 5 6
7M102 R-bl		右頭加刷	黒	4,200	4,200	3　5
7M102 R-br		右頭加刷	茶	10,000	-	4
7M103-bl	15c	ultramarine	黒	1,500	1,850	3　5 6
7M103-r			赤	3,750	3,750	4　6 7
7M103-br			茶	5,000	4,200	4 5　7
7M103-v			紫	11,000	8,250	5
7M103 R-br		右頭加刷	茶	6,000	-	5　7
7M103 R-v		右頭加刷	紫	11,000	-	5
7M104-bl	25c	purple & scarlet	黒	6,500	7,500	3　5
7M104-r			赤	5,000	6,750	3　5 6
7M104 R-bl		右頭加刷	黒	7,500	-	5

7M101-bl

7M101-r

7M101-br

7M101 R-bl

7M101 R-br

7M102-bl

7M102-br

7M102 R-bl

7M102 R-br

7M103-bl

7M103-r

7M103-br

7M103 R-br

7M104-bl

7M104-r

7M104 R-bl

台切手: セランゴール　Base stamp:Selangor

cat#	額面	shade, paper	加刷色	＊	◉	存在するタイプ
7M105-bl	30c	dull purple & orange	黒	1,000	2,250	3　5 6 7 8
7M105-br			茶	16,000	14,000	3 4 5
7M105 R-bl		右頭加刷	黒	2,500	-	5
7M105 R-br		右頭加刷	茶	17,500	17,500	4
7M106-bl	40c	scarlet & dull purple	黒	8,250	8,250	3　5　　8
7M106-r			赤	12,000	12,000	5 6
7M106-br			茶	17,500	14,000	3
7M106 R-bl		右頭加刷	黒	9,000	9,000	3　5
7M106 R-r		右頭加刷	赤	12,500	-	6
7M106 R-br		右頭加刷	茶	17,500	14,000	3
7M107-bl	50c	black (green)	黒	5,000	5,000	4 5 6　9
7M107-r			赤	5,500	6,000	5 6　8
7M107-br			茶	15,000	15,500	5
7M107 R-bl		右頭加刷	黒	7,500	-	5 6
7M107 R-r		右頭加刷	赤	7,500	-	4　6　9
7M107 R-br		右頭加刷	茶	20,000		3

7M105-bl　　　　　7M105-br　　　　　7M105 R-bl

7M105 R-br

7M106-r

7M106-br

7M106 R-bl

7M106 R-r

7M107-bl

7M107-r

7M107-br

7M107 R-bl

7M107 R-br

台切手:トレンガヌ Base stamp:Trengganu

1942/9/

製造地: 昭南郵便局　　　　　　　　Produced at SYONAN Post Office

トレンガヌ州切手は加刷ののち全てトレンガヌ州に戻され使用された。

cat#	額面	shade, paper	加刷色	＊	◉	存在するタイプ
7M108-bl	1c black		黒	9,500	9,000	3 4 5　7 8 9
7M108-r			赤	13,500	15,000	1　5
7M108-br			茶	27,000	21,000	5　7 8
7M108 i-bl		逆加刷	黒	20,000	-	8
7M109-bl	2c green		黒	13,500	13,500	4 5　7 8 9
7M109-r			赤	15,500	16,500	5　9
7M109-br			茶	30,000	27,500	7
7M109 i-bl		逆加刷	黒	20,000	-	8
7M110-bl	2c yellow-orange		黒	50,000	-	8
7M111-bl	2c/5c purple (yellow)		黒	6,500	7,000	3　5　7 8 9
7M111-r			赤	4,250	6,500	5
7M111 i-bl		逆加刷	黒	20,000	-	5　8
7M112-bl	3c green		黒	37,500	-	5　7
7M113-bl	3c brown		黒	7,500	7,500	4 5　7 8 9
7M113-br			茶	33,000	27,000	7 8
7M113 i-bl		逆加刷	黒	20,000	-	8
7M114-bl	4c carmine-red		黒	12,500	12,500	5　7 8 9
7M114-r			赤	40,000	- 1	
7M114 i-bl		逆加刷	黒	20,000	-	8

7M108-bl　　　　7M108-r　　　　7M108-br　　　　7M108 i-bl

7M109-bl

7M109-r

7M109 i-bl

7M110-bl

7M111-bl

7M111-r

7M112-bl

7M113-bl

7M113-br

7M113 i-bl

7M114-bl

7M114-r

7M114 i-bl

台切手:トレンガヌ Base stamp:Trengganu

cat#	額面	shade, paper	加刷色	*	◉	存在するタイプ
7M115-bl	5c	grey & deep brown	黒	37,500	-	8
7M116-bl	5c	purple (yellow)	黒	900	1,500 1 3 5	7 8 9
7M116-r			赤	1,650	2,500 1 3 4 5	
7M116 i-bl		逆加刷	黒	20,000	-	8
7M117-bl	6c	orange	黒	700	2,000	7 8 9
7M117-r			赤	4,000	4,250 1 5	
7M117-br			茶	25,000	25,000	7
7M117 i-bl		逆加刷	黒	20,000	-	8
7M118-bl	8c	grey	黒	900	1,250 3 4 5	7 8 9
7M118-r			赤	4,000	5,000 5	
7M118-br			茶	4,000	5,000 4	7 8
7M118 i-bl		逆加刷	黒	20,000	-	8
7M119-bl	8c/10c	blue	黒	1,250	2,700 1 3 4 5	7 8 9
7M119-r			赤	2,100	3,300 1 3 4 5	
7M119 i-bl		逆加刷	黒	20,000	-	8
7M120-bl	10c	blue	黒	1,100	2,100 4 5	7 8 9
7M120-r			赤	4,250	3,600 1 5	
7M120-br			茶	25,000	25,000	7
7M120 i-bl		逆加刷	黒	20,000	-	8
7M121-bl	12c	bright ultramarine	黒	750	2,100 1 3 5	7 8 9
7M121-r			赤	2,500	3,250 1 3 4 5	
7M121 i-bl		逆加刷	黒	20,000	-	8

7M115-bl

7M116-bl

7M116-r

7M116 i-bl

7M117-bl

7M117-r

7M117-br

7M117 i-bl

7M118-bl

7M118-r

7M118-br

7M118 i-bl

7M119-bl

7M119-r

7M119 i-bl

7M120-bl

7M120-r

7M120-br

7M120 i-bl

7M121-bl

7M121-r

7M121 i-bl

台切手:トレンガヌ Base stamp:Trengganu

cat#	額面	shade, paper	加刷色	∗	◉	存在するタイプ
7M122-bl	20c	dull purple & orange	黒	800	2,000	1 3 5 7 8 9
7M122-r			赤	1,650	2,500	1 3 4 5
7M123-bl	25c	green & deep purple	黒	750	2,250	1 3 4 5 7 9
7M123-r			赤	2,000	2,750	1 3 4 5
7M123-br			茶	25,000	25,000	7
7M123 i-bl		逆加刷	黒	20,000	-	8
7M124-bl	30c	dull purple & black	黒	750	2,000	1 3 4 5 8 9
7M124-r			赤	1,800	2,750	1 3 4 5
7M124-br			茶	32,500	-	7
7M124 i-bl		逆加刷	黒	20,000	-	8
7M125-bl	35c	carmine (yellow)	黒	1,500	2,400	3 4 5 7 8 9
7M125-r			赤	1,800	2,400	1 3 5
7M125-br			茶	32,500	32,500	7
7M125 i-bl		逆加刷	黒	20,000	-	8
7M126-bl	50c	green & bright carmine	黒	5,000	6,500	5 9
7M126-br			茶	20,000	-	8
7M126 i-bl		逆加刷	黒	35,000	32,500	7
7M127-bl	$1	purple &blue (blue)	黒	150,000	150,000	5 7 9
7M128-bl	$3	green & red (green)	黒	4,500	7,000	3 5 9
7M128-r			赤	5,500	7,500	1 3 4 5

7M122-bl   7M122-r

7M123-bl   7M123-r   7M123 i-bl

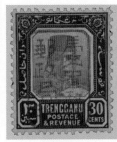  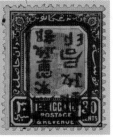

7M124-r　　　　　　7M124-br　　　　　　7M124 i-bl

7M125-bl　　　　　7M125-r　　　　　7M125-br　　　　　7M125 i-bl

7M126-bl　　　　　7M126-br　　　　　7M126 i-bl　　　　　7M127-bl

7M128-bl　　　　　7M128-r

台切手:トレンガヌ Base stamp:Trengganu

cat#	額面	shade, paper	加刷色	✱	●	存在するタイプ	
7M129-bl	$5	green & red (yellow)	黒	12,000	15,500	5	7
7M130-bl	$25	purple & blue	黒	75,000	90,000		7 8
7M130-r			赤	300,000	-	4	
7M131-bl	$50	green & yellow	黒	1,000,000	-		7 8
7M132-bl	$100	green & scarlet	黒	80,000	-		7 8

7M129-bl   7M130-bl   7M131-bl

7M132-bl

正規切手・単枠軍政印加刷 / Regular issue, Single Framed Ovpt.

台切手:ケランタン Base stamp:Kelantan

製造地: Produced at

ケランタン州切手への加刷は郵趣家向けの発売で、実逓使用はない。

cat#	額面	shade, paper	加刷色	＊	◉	存在するタイプ
7M133-bl	10c purple		黒	75,000	-	7

7M133-bl

台切手:MPU(不足料) Base stamp:MPU postage

1942/3/30

製造地: 昭南郵便局   Produced at SYONAN Post Office

cat#	額面	shade, paper	加刷色	✳	◉	存在するタイプ
7M134-bl	1c	slate-purple	黒	800	1,650	3 4 5 7
7M134-r			赤	5,000	5,000	2 3 5 6 7
7M134-br			茶	6,500	7,000	1 4 6 7
7M135-bl	3c	green	黒	3,250	3,250	7
7M135-r			赤	7,000	7,500	
7M136-bl	4c	green	黒	2,100	2,100	5 6
7M136-r			赤	3,250	3,600	1 2 5
7M136-br			茶	7,500	8,250	1 4 5 6
7M137-bl	8c	scarlet	黒	3,500	3,750	3 5
7M137-r			赤	6,000	6,000	1
7M137-br			茶	8,500	8,500	3 4 6
7M138-bl	10c	yellow-orange	黒	1,800	2,250	2 4 5 7
7M138-r			赤	5,000	5,000	
7M138-br			茶	3,750	4,000	3 5 9
7M139-bl	12c	ultramarine	黒	1,800	2,750	3 5 7
7M139-r			赤	7,500	7,500	6 9
7M139-br			茶	8,000	9,000	3 5 6 9
7M140-bl	50c	black	黒	4,500	5,000	3 5 7
7M140-r			赤	18,000	19,000	
7M140-br			茶	18,000	19,000	5 6 7

7M134-bl

7M134-r

7M134-br

7M135-bl

7M136-bl　　　　　7M136-r　　　　　7M136-br

7M137-bl　　　　　7M137-r　　　　　7M137-br

7M138-bl　　　　　7M138-br　　　　　7M139-bl　　　　　7M139-br

7M140-bl　　　　　7M140-br

台切手:ジョホール Base stamp:Johore postage due

製造地: 昭南郵便局　　　　　　　　Produced at SYONAN Post Office

昭南郵便局で加刷された後に、ジョホールのみに返送されて使用された。

cat#	額面	shade, paper	加刷色	＊	◉	存在するタイプ
7M141-bl	1c carmine		黒	3,250	7,500	5 6　　9
7M141-br			茶	6,500	7,500	5 6
7M142-bl	4c green		黒	5,000	7,500 1　3　5 6 7
7M142-br			茶	6,500	7,500	4　6 7
7M143-bl	8c orange		黒	6,250	8,250	3 4 5 6　8
7M143-br			茶	9,000	10,000	4　6　8
7M144-bl	10c brown		黒	1,500	4,750	3 4 5 6 7 8 9
7M144-br			茶	3,250	4,500	7 8
7M145-bl	12c purple		黒	2,400	4,750	5　7 8 9
7M145-br			茶	4,250	5,000	8

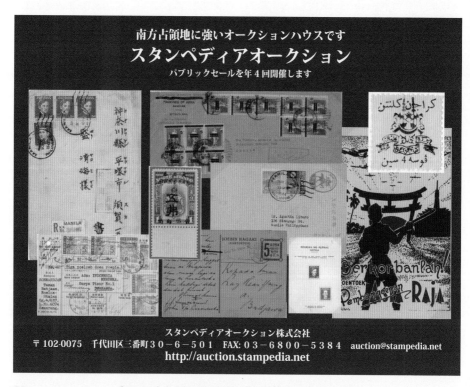

7M141-bl

7M141-br

7M142-bl

7M142-br

7M143-bl

7M143-br

7M144-bl

7M144-br

7M145-bl

7M145-br

台切手:トレンガヌ Base stamp:Trengganu postage due

1942/9/

製造地: 昭南郵便局　　　　　　　　　　Produced at SYONAN Post Office

トレンガヌ州のみで使用。

cat#	額面	shade, paper	加刷色	*	◉	存在するタイプ		
7M146-bl	1c scarlet		黒	4,750	7,500		7	
7M146 R-bl		右頭加刷	黒	5,000	-	5		
7M147-bl	4c green		黒	-	15,000	5		
7M147-br			茶	5,000	8,000		7	
7M147 R-bl		右頭加刷	黒	6,500	-	5		9
7M147 R-br		右頭加刷	茶	-	15,000 1		7	
7M148-bl	8c yellow		黒	1,500	4,500	5	7	9
7M148-br			茶	-	-	5	7	
7M148 R-bl		右頭加刷	黒	1,500	4,500	5		9
7M149-bl	10c brown		黒	1,500	4,500	5	7	9
7M149-br			茶	4,000	-	5		
7M149 R-bl		右頭加刷	黒	1,500	4,500	5		9

7M146-bl

7M146 R-bl

7M147-bl

7M147-br

7M147 R-bl

7M147 R-br

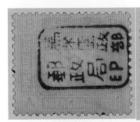

7M148-bl

7M148-br

7M148 R-bl

7M149-bl

7M149-br

7M149 R-bl

『単枠軍政印』加刷切手のスマトラ使用

1942年の夏ごろ、15種類の『単枠軍政印』加刷切手およびローマ字加刷切手が、当時昭南管理下に置かれていた蘭印スマトラ島へ送られ使用された。当時スマトラ島では州ごとに独自の加刷方法がとられていたので、一足早い統一加刷の登場となる。

この内、『単枠軍政印』加刷切手は下記8点である。

cat#	額面	済 評価	カバー評価
7M1-r	1c	15,000	
7M3-r	2c	5,000	
7M5-r	5c	5,500	
7M8-r	10c	8,000	35,000
7M10-r	15c	3,000	
7M13-r	40c	18,000	
7M14-r	50c	9,000	
7M15-r	$1	15,000	

スマトラ島で使用された使用例・使用済であることを示すためには、局名等のはっきり読める消印であることが必要である。

なお、上記以外に 7M7-r(8c) の使用例が確認されている。これは持ち込み使用と考えられる。

スマトラに送られたこれらの切手の中には、スマトラで正規加刷切手が登場した後も使用され、さらには誤ってスマトラで再加刷された切手もある。興味深い収集対象であり、将来発行予定の「スマトラ切手カタログ」でご紹介予定である。

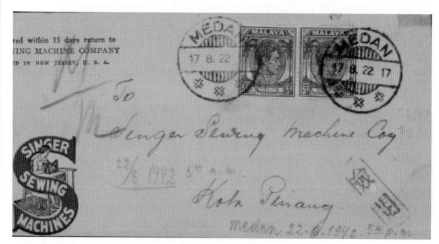

7M5-r 横ペア貼り、MEDAN to Kota Pinang, 17 8 22 (1942)

正規切手・ローマ字加刷

Regular issue, Roman Letter ovpt

1942

台切手・加刷種類一覧

台切手	加刷 Type	加刷向き	発行日	備考
海峡植民地	I	正方向	1942/5/7	
Negri Sembilan	I	正方向	1942/5/7	
Pahang	I	正方向	1942/5/7	
Perak	I	正方向	1942/5/7	
Selangor	I	右頭・正方向	1942/5/7	
Trengganu	I	正方向	1942/10/-	
Malay Postal Union	I	正方向	1942/5/-	
Trengganu	I	右頭	1942/-	
海峡植民地	II	正方向	1942/11/3	記念切手
Perak	III	正方向	1942/11/-	
Selangor	III	左頭	1942/12/-	

昭南郵便局に、各地から在庫切手を集めて機械加刷を行った。
加刷後の切手については、トレンガヌ州切手を除き、台切手の種類に関
わらずマライ全土の郵便局に配布され、全土で使用できた。

I

II

III

台切手: 海峡植民地　Base stamp:Straits Settlements

1942/5/7

製造地: 昭南郵便局　　　　　　　　　Produced at SYONAN Post Office

cat#	額面	shade, paper	加刷色	＊	◉
7M150	2c	orange		75	50
7M150 i		逆加刷		750	1,350
7M150 di		二重加刷一方逆向き		3,900	5,000
7M151	3c	green		4,500	5,500
7M152	8c	grey		250	175
7M152 i		逆加刷		1,250	2,400
7M153	15c	ultramarine		675	500

7M150　　　　7M150 i　　　　7M150 di　　　7M151

7M152　　　　7M152 i　　　　7M153

「ローマ字加刷」の加刷バラエティ

機械加刷で生じたバラエティの内、逆加刷以外のバラエティについて紹介する。

（1）加刷ずれ

加刷工程が、機械で行われる「ローマ字加刷」には、加刷位置が上下または左右に大きくずれたバラエティが存在する。確認されているものは以下の通りで、評価は単片評価の2倍～10倍程度。

7M150, 7M150 i, 7M151, 7M152

7M154, 7M157, 7M161, 7M162

7M165, 7M166, 7M167

7M173, 7M175, 7M177

7M185, 7M185 L

7M198

7M210, 7M211, 7M212（右図）

（2）斜め加刷

加刷が右斜めに大きく傾いたバラエティが以下の切手に確認されており、評価は1枚当たり5000円～10000円。

7M165, 7M166

7M175（右図）

（3）加刷漏れ

シート中央部分に、縦方向の加刷が洩れたシートが確認されている。ペアで80000円、7M175 の方が少ない。

7M175（右図）, 7M177

台切手: ネグリセンビラン　Base stamp:Negri Sembilan

1942/5/7

製造地: 昭南郵便局　　　　　　　　　Produced at SYONAN Post Office

cat#	額面	shade, paper	加刷色	✳	◉
7M154	1c	black		125	50
7M154 i		逆加刷		825	2,100
7M154 di		二重加刷一方逆向き		3,250	4,500
7M155	2c	orange		200	50
7M156	3c	green		175	50
7M157	5c	brown		50	75
7M158	6c	grey		150	100
7M158 i		逆加刷		-	100,000
7M159	8c	scarlet		225	125
7M160	10c	dull purple		275	275
7M161	15c	ultramarine		675	275
7M162	25c	purple & scarlet		225	600
7M163	30c	dull purple & orange		375	275
7M164	$1	black & red (blue)		10,000	11,000

7M154

7M154 i

7M154 di

7M155

7M156

7M157

7M158

7M158 i

7M159

7M160

7M161

7M162

7M163

7M164

台切手:パハン Base stamp:Pahang

1942/5/7
製造地: 昭南郵便局　　　　　Produced at SYONAN Post Office

cat#	額面	shade, paper	加刷色	✳	◉
7M165	1c	black		125	100
7M166	5c	brown		125	75
7M167	8c	scarlet		2,250	225
7M168	10c	dull purple		750	600
7M169	12c	ultramarine		100	450
7M170	25c	purple & scarlet		350	1,000
7M171	30c	dull purple & orange		125	425

7M165　　　7M166　　　7M167　　　7M168

7M169　　　7M170　　　7M171

ローマ字加刷切手のスマトラ使用

1942年の夏ごろ、15種類の『単枠軍政印』加刷切手およびローマ字加刷切手が、当時昭南管理下に置かれていた蘭印スマトラ島へ送られ使用された。当時スマトラ島では州ごとに独自の加刷方法がとられていたので、一足早い統一加刷の登場となる。

この内、ローマ字加刷切手は下記7点である。

ローマ字加刷　　海峡植民地切手

cat#	額面	済 評価	カバー評価
7M153	15c	3,500	

ローマ字加刷　　ネグリセンビラン州切手

cat#	額面	済 評価	カバー評価
7M160	10c	2,000	20,000
7M163	30c	2,000	30,000

ローマ字加刷　　パハン州切手

cat#	額面	済 評価	カバー評価
7M168	10c	2,000	15,000

ローマ字加刷　　ペラー州切手

cat#	額面	済 評価	カバー評価
7M178	10c	1,800	10,000
7M181	50c	3,000	

ローマ字加刷　　セランゴール州切手

cat#	額面	済 評価	カバー評価
7M191	40c	3,000	

スマトラ島で使用された使用例・使用済であることを示すためには、局名等のはっきり読める消印であることが必要である。

なお、上記以外に 7M152(8c)の使用例が確認されている。これらは持ち込み使用と考えられる。

スマトラに送られたこれらの切手の中には、スマトラで正規加刷切手が登場した後も使用され、さらには誤ってスマトラで再加刷された切手もある。興味深い収集対象であり、将来発行予定の「スマトラ切手カタログ」でご紹介予定である。

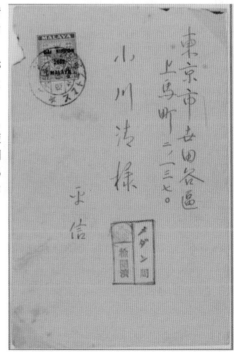

7M160 単貼、MEDAN to Tokyo, 18 6 17 (1943)

台切手: ペラー Base stamp:Perak

1942/5/7

製造地: 昭南郵便局　　　　　　　Produced at SYONAN Post Office

cat#	額面	shade, paper	加刷色	*	◉
7M172	1c	black		9,000	9,000
7M173	2c	orange		200	100
7M173 i		逆加刷		1,600	2,100
7M174	2c/5c	brown		200	100
7M174 i		逆加刷		2,000	2,300
7M175	3c	green		100	100
7M175 i		逆加刷		900	1,800
7M176	5c	brown		12,000	12,000
7M177	8c	scarlet		100	100
7M177 i		逆加刷		500	700
7M177 di		二重加刷一方逆向き		18,000	21,000
7M178	10c	dull purple		600	500
7M179	15c	ultramarine		400	200
7M180	30c	dull purple & orange		12,000	13,500
7M181	50c	black (green)		200	300
7M182	$1	black & red (blue)		27,000	32,500
7M183	$5	red & green (green)		2,900	5,000
7M183 i		逆加刷		27,000	32,500

| 7M172 | 7M173 | 7M173 i | 7M174 |

7M175

7M175 i

7M176

7M177

7M177 i

7M177 di

7M178

7M179

7M180

7M181

7M182

7M183

7M183 i

台切手:セランゴール Base stamp:Selangor

1942/5/7

製造地: 昭南郵便局　　　　　　Produced at SYONAN Post Office

cat#	額面	shade, paper	加刷色	＊	◉
7M184	1c	black		-	-
7M184 L		左頭加刷		7,500	-
7M185	3c	green		50	75
7M185 L		左頭加刷		150	275
7M186	5c	brown		7,500	-
7M187	10c	dull purple		7,500	-
7M188	12c	ultramarine		100	600
7M189	15c	ultramarine		250	175
7M190	30c	dull purple & orange		7,500	-
7M191	40c	scarlet & dull purple		175	20
7M192	$1	black & red (blue)		10,000	-
7M193	$2	green & red		900	2,250
7M194	$5	red & green (green)		16,000	-

7M184 L

7M185

7M185 L

7M186

7M187

7M188

7M189

7M190

7M191

7M192

7M193

7M194

正規切手・ローマ字加刷 Type I / Regular issue, Roman Letter Ovpt. Type I

台切手:トレンガヌ Base stamp:Trengganu

1942/10/-

製造地: 昭南郵便局 　　　　　　　　　Produced at SYONAN Post Office

ローマ字加刷をしたトレンガヌ州切手もまた単枠軍政印加刷同様にトレンガヌ州に戻されて使用された。

cat#	額面	shade, paper	加刷色	✽	◉
7M195	1c	black		900	900
7M196	2c	green		15,000	17,500
7M197	2c/5c	purple (yellow)		500	800
7M198	3c	brown		900	1,400
7M199	4c	carmine-red		800	1,000
7M200	5c	purple (yellow)		500	900
7M201	6c	orange		500	1,000
7M202	8c	grey		6,500	2,000
7M203	8c/10c	blue		500	1,200
7M204	12c	bright ultramarine		500	1,200
7M205	20c	dull purple & orange		700	1,200
7M206	25c	green & deep purple		700	2,000
7M207	30c	dull purple & black		700	1,700
7M208	$3	green & red (green)		5,000	9,000

7M195

7M196

7M197

7M198

7M199

7M200

7M201

7M202

7M203

7M204

7M205

7M206

7M207

7M208

正規切手・ローマ字加刷 Type I / Regular issue, Roman Letter Ovpt. Type I

台切手: MPU(不足料) Base stamp:MPU postage

1942/5/-

製造地: 昭南郵便局　　　　　　　　　Produced at SYONAN Post Office

cat#	額面	shade, paper	加刷色	✳	◉
7M209	1c	slate-purple		125	500
7M209 a	1c	red-violet		150	600
7M210	3c	green		750	1,000
7M211	4c	green		550	825
7M212	8c	scarlet		775	1,000
7M213	9c	yellow-orange		25,000	25,000
7M213 i		逆加刷		50,000	-
7M214	10c	yellow-orange		150	700
7M214 i		逆加刷		-	-
7M215	12c	ultramarine		150	1,500
7M216	15c	ultramarine		25,000	25,000

7M209　　　　　**7M209 a**　　　　　**7M210**　　　　　**7M211**

7M212　　　　　**7M214**　　　　　**7M215**

台切手:トレンガヌ Base stamp:Trengganu postage due

製造地: 昭南郵便局　　　　　　　　Produced at SYONAN Post Office

郵趣家向けの加刷で、昭南局の CTA(記念消) が存在する。

cat#	額面	shade, paper	加刷色	✳	◉
7M217	8c yellow			50,000	50,000

7M217

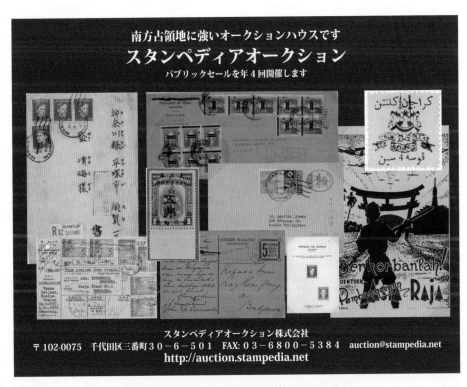

台切手:海峡植民地 Base stamp:Straits Settlements

1942/11/3

製造地: 昭南郵便局　　　　　　　　　　Produced at SYONAN Post Office

ローマ字加刷 Type IIの加刷された2種類の切手は、『セランゴール農業園芸博覧会記念切手』として発行された。

cat#	額面	shade, paper	加刷色	✳	◉
7M218	2c orange			1,100	2,000
7M218 i		逆加刷		25,000	30,000
7M219	8c grey			1,200	2,000
7M219 i		逆加刷		25,000	30,000

7M218　　　　7M218 i　　　　7M219　　　　7M219 i

台切手: ペラー Base stamp:Perak

1942/11/-

製造地: 昭南郵便局 Produced at SYONAN Post Office

cat#	額面	shade, paper	加刷色	*	●
7M220	1c	black		200	500
7M220 i		逆加刷		1,800	3,300
7M221	2c/5c	brown		200	600
7M221 i		逆加刷		1,700	3,000
7M221 ia		逆加刷 2 Cents もれ		3,400	5,000
7M222	8c	scarlet		300	200
7M222 i		逆加刷		1,000	1,800

7M220　　　7M220 i

7M221　　　7M221 i　　　7M221 ia

7M222　　　7M222 i

台切手: セランゴール Base stamp:Selangor

1942/12/-

製造地: 昭南郵便局　　　　　　　　Produced at SYONAN Post Office

郵趣家向けの発売。

cat#	額面	shade, paper	加刷色	*	◉
7M223	3c	green		30,000	-

7M223

幻の POSTAGE PAID MALAYA 加刷

この加刷はペラー州切手の5cと10cの2種への加刷が確認されている。

1942年秋に翌年に備えて、従来の「DAI NIPPON / 2602 / MALAYA(ローマ字加刷タイプ1)」に替えて、年号表記のない加刷の検討がされたと思われる。

結論としては、「DAI NIPPON / YUBIN(ローマ字加刷タイプ3)」 が短期間採用された上で、漢字加刷へ変わっていく。「POSTAGE / PAID / MALAYA」この時の候補加刷の一つと思われるが、発売も使用もされず、未使用のみが残されている。

正規切手・漢字加刷

Regular issue, Japanese ovpt
1942

台切手・加刷種類一覧

台切手	加刷 Type	加刷向き	発行日	販売地の限定
海峡植民地	I	正方向	1942/12/-	
Negri Sembilan	I	正方向	1942/12/	
Pahang	I	正方向	1942/12/-	
Perak	I	正方向	1942/12/-	
Selangor	I	左頭	1942/12/-	
	I	正方向	1942/12/-	
	II	正方向	1942/12/-	
Trengganu	I	正方向	1942/12/-	
Malaya Postal Union	I	正方向	1942/12/-	
Johore	I	正方向	1942/12/-	Johore
海峡植民地	III	正方向	1942/12/16	
Johore	III	正方向	1942/12/16	
Selangor	III	正方向	1942/12/16	

昭南郵便局に、各地から在庫切手を集めて手押し加刷を行った。
加刷後の切手については、原則として、台切手の種類に関わらずマライ
全土の郵便局に配布され、全土で使用できた。例外は上の表の「販売地
の限定」にて示した。

I

II

III

台切手:海峡植民地 Base stamp:Straits Settlements

1942/12/-

製造地:昭南郵便局   Produced at SYONAN Post Office

cat#	額面	shade, paper	加刷色	✻	◉
7M224	8c	grey		125	50
7M224 i		逆加刷		2,700	3,750
7M225	8c	grey	赤	100	100
7M226	12c	ultramarine		50	500
7M227	40c	scarlet & dull purple		75	175

7M224   7M224 i   7M225

7M226   7M227

* 7M225-r は、本来は 7M224-rとカタログ番号をつけるべきものですが、長らく異なるメインナンバーである 7M225が使われていますので、引き続きこの番号を使用することにします。

台切手: ネグリセンビラン　Base stamp:Negri Sembilan

1942/12/-

製造地: 昭南郵便局　　　　　　　　　Produced at SYONAN Post Office

cat#	額面	shade, paper	加刷色	*	◉
7M228	1c	black		100	100
7M228 a		横 "日"		2,000	2,300
7M228 i		逆加刷		800	1,700
7M228 ia		横 "日"逆加刷		40,000	-
7M229	2c/5c	brown		100	100
7M230	6c/5c	brown		100	100
7M230 d		二重加刷		30,000	-
7M230 i		逆加刷		18,500	18,500
7M231	25c	purple & scarlet		100	700

横 "日"バラエティについては、P.118に解説を掲載

7M228　　　　　7M228 i　　　　　7M229

7M230　　　　　7M230 i　　　　　7M230 d　　　　　7M231

正規切手·漢字加刷 Type I / Regular issue, Japanese Ovpt. Type I
台切手:パハン Base stamp:Pahang
1942/12/-

製造地: 昭南郵便局　　　　　　　　Produced at SYONAN Post Office

cat#	額面	shade, paper	加刷文字サイズ	✱	◉
7M232	6c/5c brown		small	**100**	100
7M233	6c/5c brown		large	**100**	200

7M232　　　　　7M233

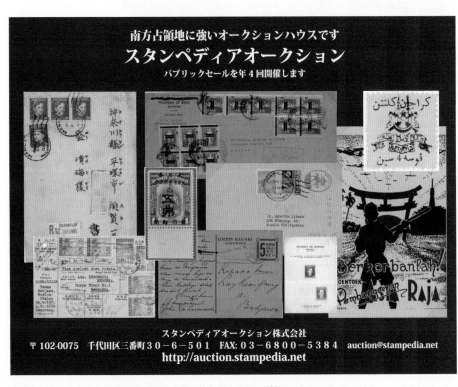

昭和切手のマライ使用

日本占領下のマライでは、郵便局窓口で昭和切手が発行されるようになった1942年12月8日より前の時点で、日本切手は1 c = 1 Sen換算で有効な郵便切手と認められており、現行普通切手である昭和切手に限らず様々な切手類が持ち込まれ使用されている。

1942年12月8日より郵便局の窓口で昭和切手が発行されるようになった契機は、同日が大東亜戦争一周年である為で、キャンペーン印が同時に使用開始となった為、窓口販売が始まった4種類の昭和切手を貼った記念カバーが多数残されている。

2ヶ月後の1943年2月15日には、シンガポール陥落一周年を記念して、10種類の普通切手の窓口販売が開始された。

	額面	JPS-No.
1942 12/8 より	3銭	224
	5銭	251
	8銭	229
	25銭	234
1943 2/15 より	1銭	222
	2銭	223
	4銭	225
	6銭	227
	7銭	228
	10銭	230
	20銭	233
	30銭	235
	50銭	236
	1円	237

タンジョンパレ（リオ群島）12.12.2602(1942)

マライ正刷葉書の速達使用。速達料金30 cを30銭切手で前納。マラッカ→昭南, 2604(1944) 菊地恵実氏所蔵品

台切手: ペラー Base stamp:Perak

1942/12/-

製造地: 昭南郵便局　　　　　　　　　Produced at SYONAN Post Office

cat#	額面	shade, paper	加刷文字サイズ	✱	◉
7M234	1c	black		100	100
7M234 a		横 "日"		12,500	13,500
7M234 i		逆加刷		7,000	-
7M235	2c	orange		4,000	4,500
7M235 a		横 "日"		15,000	-
7M236	2c/5c	brown	small	100	100
7M236 a		横 "日"		2,400	2,800
7M236 i		2 Cents逆加刷		1,800	2,800
7M236 ia		両方逆加刷		1,800	2,800
7M237	2c/5c	brown	large	100	100
7M237 a		横 "日"		4,500	4,500
7M237 i		漢字逆加刷		1,800	2,800
7M237 ia		両方逆加刷		1,800	2,800
7M238	3c	green		6,000	6,000
7M238 a		横 "日"		17,500	-
7M239	5c	brown		100	100
7M239 a		横 "日"		28,000	26,000
7M239 i		逆加刷		2,500	3,000

マライ占領切手のビルマ使用

ビルマのシャン地方はビルマ独立後も日本の軍政下に置かれていた。

その為、使用された切手も本来のビルマ占領切手と異なる加刷切手である、『東郷 5 銭に 5 C 紫加刷』と『水力 3 銭に 3 C 青加刷』の 2 種類が使用された。

5銭は封書料金で需要が多かったにもかかわらず十分な供給がなかったため、シャン正刷切手の到着前に、暫定的に需要を満たすために、同じ陸軍軍政下のマライより漢字加刷（ペラー）5 セント切手（7M239）が急遽、調達され発売された。

シャン州に送られたシートは、初期製造分である横向き「日」（7M239a）が含まれるシートだった。

大日本郵便　漢字加刷　ペラー州切手

cat#	額面	済 評価	カバー評価
7M239	5 c	3,000	30,000

7M234

7M235

7M236

7M236 i

7M236 ia

7M237

7M237 i

7M237 ia

7M238

7M239

7M239 i

台切手: ペラー Base stamp:Perak

cat#	額面	shade, paper	加刷色	*	◉
7M240	8c	grey		4,000	4,500
7M240 a		横 "日"		15,000	-
7M241	8c	scarlet		100	100
7M241 a		横 "日"		4,500	5,000
7M241 i		逆加刷		1,400	2,400
7M241 ia		横 "日" 逆加刷		50,000	-
7M242	10c	dull purple		100	100
7M243	30c	dull purple & orange		200	300
7M243 i		逆加刷		15,000	-
7M244	50c	black (green)		300	900
7M245	$5	red & green (green)		4,300	6,500

横 "日" 加刷

縦書き「大日本加刷」の印刷版は4版あったと考えられている。その1版の pos.53 の漢字2文字目の「日」は活字の方向が90度回っており、横 "日" 加刷と呼ばれている。

第2-4版ではこのようなミスはなかったと考えられている。

7M239の6枚ブロック（右上の一枚が 7M239 a）

7M240   7M241   7M241 i   7M242

7M243   7M243 i   7M244   7M245

台切手: セランゴール Base stamp:Selangor

1942/12/-

製造地: 昭南郵便局   Produced at SYONAN Post Office

cat#	額面	shade, paper	加刷色	＊	◉
7M246	1c black			100	100
7M247	3c green			100	100
7M247 a		横 "日"		1,500	2,300
7M247 R		右側頭加刷		200	200
7M247 Ra		横 "日" 右側頭加刷		2,500	3,000
7M248	12c ultramarine			100	200
7M248 a		横 "日"		2,300	3,500
7M248 R		右側頭加刷		300	400
7M248 Ra		横 "日" 右側頭加刷		3,300	4,500
7M249	15c ultramarine			300	300
7M249 a		横 "日"		3,800	4,300
7M250	$1 black & red (blue)			300	1,300
7M250 a		横 "日"		21,000	22,500
7M250 i		逆加刷		21,000	21,000
7M251	$2 green & red			900	2,700
7M251 a		横 "日"		2,100	3,000
7M252	$5 red & green (green)			2,000	6,000
7M252 i		逆加刷		21,000	21,000

7M246

7M247

7M247 R

7M248

7M248 R

7M249

7M250

7M250 i

7M251

7M252

7M252 i

台切手:セランゴール Base stamp:Selangor

1942/12/-

製造地: 昭南郵便局　　　　　　　Produced at SYONAN Post Office

cat#	額面	shade, paper	加刷文字サイズ	*	◉
7M253	1c	black		100	100
7M254	2c/5c	brown		100	100
7M255	3c/5c	brown		100	200
7M256	5c	brown		100	200
7M257	6c/5c	brown	small	100	100
7M258	6c/5c	brown	large	100	100
7M258 a		6 逆字		42,000	42,000
7M258 d		二重加刷		21,000	-
7M259	15c	ultramarine		400	400
7M260	$1.00/10c	dull purple		100	100
7M261	$1.50/30c	dull purple & orange		100	100

7M258 a の「6 逆字」は、初期印刷シートの、pos.68 にのみ存在する。

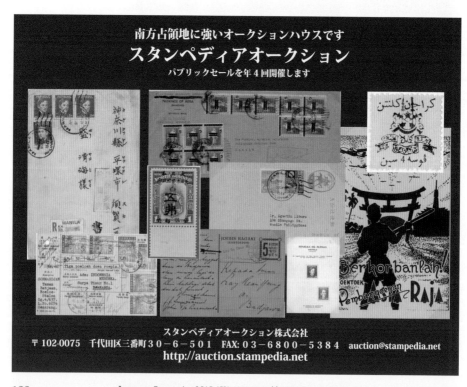

7M253

7M254

7M255

7M256

7M257

7M258

7M258 d

7M259

7M260

7M261

台切手:トレンガヌ Base stamp:Trengganu

1942/12/-

製造地: 昭南郵便局　　　　　　　Produced at SYONAN Post Office

cat#	額面	shade, paper	加刷色	＊	◉
7M262	1c	black		700	1,500
7M263	2c	green		600	2,000
7M264	2c/5c	purple (yellow)		600	1,700
7M265	5c	purple (yellow)		600	1,800
7M266	6c	orange		700	2,100
7M267	8c	grey		5,000	6,000
7M268	8c/10c	blue		1,500	3,300
7M269	10c	blue		6,800	13,500
7M270	12c	bright ultramarine		900	2,500
7M271	20c	dull purple & orange		900	2,500
7M272	25c	green & deep purple		900	3,000
7M273	30c	dull purple & black		1,100	3,000
7M274	35c	carmine (yellow)		1,100	3,300

7M262   7M263   7M264   7M265

7M266   7M267   7M268   7M269

7M270   7M271   7M272   7M273

7M274

台切手:MPU(不足料) Base stamp:MPU postage

1942/12/-

製造地: 昭南郵便局　　　　　　　　Produced at SYONAN Post Office

cat#	額面	shade, paper	加刷色	✳	◉
7M275	1c	red-violet		50	225
7M276	3c	green		50	225
7M277	4c	green		3,000	3,300
7M278	5c	scarlet		50	250
7M279	9c	yellow-orange		50	275
7M279 i		逆加刷		2,100	3,000
7M280	10c	yellow-orange		75	350
7M280 i		逆加刷		4,250	4,750
7M281	12c	ultramarine		75	550
7M282	15c	ultramarine		75	425

7M275

7M276

7M277

7M278

7M279

7M279 i

7M280

7M280 i

7M281

7M282

台切手: ジョホール Base stamp: Johore postage due

1942/12/-

製造地: 昭南郵便局　　　　　　　　　Produced at SYONAN Post Office

cat#	額面	shade, paper	加刷色	✳	◉
7M283	1c	carmine		250	1,350
7M283 a		横 "日"		9,000	17,500
7M284	4c	green		350	1,350
7M284 a		横 "日"		10,000	17,500
7M285	8c	orange		375	1,500
7M285 a		横 "日"		12,500	22,500
7M286	10c	brown		350	1,750
7M286 a		横 "日"		12,500	25,000
7M287	12c	purple		425	2,400
7M287 a		横 "日"		14,000	27,000

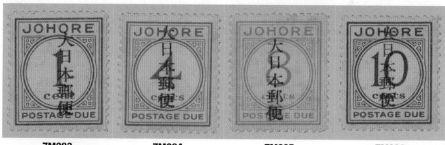

7M283　　　　7M284　　　　7M285　　　　7M286

7M287

台切手: 海峡植民地 Base stamp:Straits Settlements

1944/12/16

製造地: 昭南郵便局　　　　　　　Produced at SYONAN Post Office

cat#	額面	shade, paper	加刷色	✳	◉
7M288	6㌫ /5c brown			30,000	-
7M289	50㌫ /50c black (green)			1,000	2,000
7M290	1ドル /$1 black & red (blue)			1,500	2,700
7M291	1 ½ドル /$2 green & red			2,400	6,500

7M288　　　　　7M289　　　　　7M290　　　　　7M291

台切手: ジョホール Base stamp:Johore

1944/12/16

製造地: 昭南郵便局　　　　　　　Produced at SYONAN Post Office

cat#	額面	shade, paper	加刷色	✳	◉
7M292	50㌫ /50c dull purple & red			800	1,700
7M293	1 ½ドル /$2 green & carmine			500	1,000

7M292　　　　　7M293

台切手:セランゴール Base stamp:Selangor

1944/12/16

製造地: 昭南郵便局　　　　　　　　Produced at SYONAN Post Office

cat#	額面	shade, paper	加刷色	✳	◉
7M294	1ドル /$1 black & red (blue)			400	1,000
7M295	1 ½ドル /$2 green & red			700	1,600

7M294　　　　　7M295

「漢字加刷」の加刷バラエティ

機械加刷で生じたバラエティの内、逆加刷以外のバラエティについて紹介する。

（1）加刷ずれ

加刷工程が、機械で行われる「漢字加刷」には、加刷位置が上下または左右に大きくずれた
バラエティが存在する。確認されているものは以下の通りで、評価は単片評価の2倍〜10
倍程度。

7M224, 7M225-r, 7M229, 7M230, 7M230 i, 7M233, 7M237, 7M239

7M247 R, 7M250, 7M258, 7M266, 7M276

（2）斜め加刷

7M276（右図）に加刷が右斜めに大きく傾いたバラエティが確認され
ている。評価は1枚当たり5000円〜10000円。

（3）加刷漏れ

ペラー州 8 c切手（7M241）の25枚ブロック中央の加刷が洩れ、周
囲5枚の切手の加刷が薄い切手が確認されている。

使用例評価一覧 Estimate of usages of the 8 Cents stamps

書状額面切手の一覧

南方占領地切手の収集
が、過去敬遠されてい
た一因に『フィラテリッ
クカバーばかりで一般・
商用使用例がない』と
いう俗説がある。

確かに高額面を始めと
する一部の切手で一般
使用例の存在しないも
のもあるが、例えば書
状料金である 8 c であ
れば、この一覧表に存
在する切手は全て一般
使用例が存在する。

まず、これらを集めると
ころから収集を始めて
みるのも面白いかもし
れない。

大分類	#	中分類	小分類	難易度
暫定切手	1M4	昭南	二重枠軍政印加刷	2
	2M6	ペナン	奥川印押捺	2
	2M24		内堀印押捺	3
	2M32		ローマ字加刷	1
	3M6	ケランタン	額面改訂加刷 Type I	4
	3M16		額面改訂加刷 Type II	4
	3M28		額面改訂加刷 Type IV	5
	4M5	マラッカ	大型軍政印加刷	4
	5M6	ケダー	ローマ字加刷	2
正規切手	7M7	単枠軍政印加刷	海峡植民地	1
	7M26		ネグリセンビラン	5
	7M27		ネグリセンビラン	3
	7M44		パハン	4
	7M45		パハン	2
	7M62		ペラー	4
	7M63		ペラー	3
	7M81		セランゴール	2
	7M100		セランゴール	2
	7M118		トレンガヌ	3
	7M119		トレンガヌ	4
	7M152	ローマ字加刷	海峡植民地	1
	7M159		ネグリセンビラン	1
	7M167		パハン	1
	7M177		ペラー	1
	7M202		トレンガヌ	2
	7M203		トレンガヌ	2
	7M219		海峡植民地	2
	7M222		ペラー	1
	7M224	漢字加刷	海峡植民地	1
	7M225		海峡植民地	1
	7M241		ペラー	1
	7M267		トレンガヌ	3
	7M268		トレンガヌ	3
	9M5	正刷切手	普通切手	1
	9M11		郵便貯金百万ドル突破記念切手	1
	9M13		新生マライ 2 周年記念切手	1

正規切手・正刷切手
Regular Stamps, Pictorial issue
1943-45

一覧

分類	発行内容	種類	発行日
普通切手	4 c, 8 c	2	1943/4/29
普通切手	2 c	1	1943/6/1
記念切手	郵貯 100万ドル突破紀念	2	1943/9/1
普通切手	1 c, 3 c, 10 c, 15 c, 30 c, 50 c, 70 c	7	1943/10/1
記念切手	新生マライ 2周年記念	2	1944/2/15
普通切手	2 cルレット , 4 cルレット	2	1945/8/-

上の表の「種類」には、メインナンバーの種類を記載した。

内国基本料金		外信料金	
書状	8 c	書状	15 c
葉書	4 c	葉書	8 c
印刷物	2 c		

特殊取扱料金	
書留	15 c
速達	30 c
配達証明	12 c

普通切手 Pictorial issue

1943/4/29, 6/1, 10/1

製造地: コルフ印刷所　　　　　　Produced at Kolff

cat#	額面	shade	✽	✽田	シート✽	◉	☐
9M1	1c	grey green	30	200	8,000	100	4,000
9M1 a		無目打ペア	8,000	-	-	-	-
9M2	2c	green	30	200	8,000	100	4,000
9M3	3c	olive	50	500	12,000	100	4,000
9M3 a		無目打ペア	15,000	-	-	-	-
9M4	4c	red	50	500	15,000	100	4,000
9M5	8c	blue	100	1,000	30,000	100	4,000
9M6	10c	brown	100	1,000	-	100	10,000
9M6 a		無目打ペア	8,000	-	-	-	-
9M7	15c	violet	100	1,000	-	300	10,000
9M7 a		無目打ペア	8,000	-	-	-	-
9M8	30c	olive green	100	1,000	-	100	15,000
9M8 a		無目打ペア	8,000	-	-	-	-
9M9	50c	ultramarine	200	3,000	-	300	
9M9 a		無目打ペア	8,000	-	-	-	-
9M10	70c	blue	2,000	15,000	-	1,800	
9M10 a		無目打ペア	8,000	-	-	-	-

アーカイブ

・カラートライアル（無目打）

　2c　青、緑、赤

　4c　青、赤紫、赤

　8c　青、赤紫、赤

・エッセイ（目打あり、糊なし、図）

　1c, 3c, 10c, 15c, 30c, 50c, 70c（2種類）

　✽ 10面シート（縦1段、横10枚）構成

　✽ 3c には『みほん』黒加刷も存在する。

これ以外に、プルーフも存在する。（1c, 3c, 50cの色違いも含めて連刷で印刷された）

9M1   9M2   9M3   9M4

9M5   9M6   9M7

9M8   9M9   9M10

SPECIMEN

・『みほん』加刷切手

2c（赤）,3c（赤）,4c（黒）,10c（赤）,15c（赤）,30c（赤）,50c（赤）,70c（赤）

評価額は一枚 30,000円

郵便貯金百万ドル突破紀念切手 Commemorative issue

1943/9/1

製造地: コルフ印刷所　　　　　　　　　　　Produced at Kolff

　15セント切手の発行は、15 c 普通切手の発行より半月早かった。

cat#	額面	shade	*	*田	シート*	◉	□
9M11	**8c**	violet	**500**	2,000	-	600	5,000
9M11 a		無目打ペア	**20,000**				
9M12	**15c**	scarlet	**500**	2,000	-	600	5,000
9M12 a		無目打ペア	**20,000**				

9M11　　　　**9M12**

アーカイブ

・カラープルーフ (目打あり)

　8 c 赤(図)

　*『みほん』黒加刷と紫加刷が存在する。

SPECIMEN

・「見本」字加刷切手(黒)

　8 c, 15c

・「みほん」字加刷切手(8cには朱、15cには濃青)

　8 c, 15c

新生マライ 2周年記念切手 Commemorative issue

1944/2/15

製造地: コルフ印刷所 　　　　　　　　　Produced at Kolff

cat#	額面	shade	✳	✳田	シート✳	◉	▢
9M13	8c	rose-red	500	2,000	-	600	5,000
9M13 a		無目打ペア	20,000				
9M14	15c	magenta	500	2,000	-	600	5,000
9M14 a		無目打ペア	20,000				

9M13　　　　　　**9M14**

新生マライ 2周年記念切手の、無目打の製造面バラエティ

この切手は1シート100面で発行された(図左)が、無目打の一部は、10面シート(縦1段、横10枚)構成で製造された(図右)。なお、その一部には「みほん」字が黒色で加刷された。

普通切手 Pictorial issue

1945/8/-

製造地: シンガポール　　　　　　　　　Produced at Singapore

最初に発行された版を流用してシンガポールにて印刷されたと推測される。
ルレットが施され、紙は厚く印刷も粗い。

cat#	額面	shade	✳	*田	シート✳	◉	▢
9M15	2c	green ルレット	200	1,000	80,000	300	-
9M15 a	2c	green 無目打	500	3,000	-	900	-
9M16	4c	red ルレット	200	1,000	80,000	300	-
9M16 a	4c	red 無目打	500	3,000	-	900	-

| 9M15 | 9M15 a | 9M16 | 9M16 a |

謎の多いシンガポール版

発行の経緯や目的が不明な切手で、
正式な発行日も定かではありません。

昭南局で記念押印されたものは多数
残っていますが、実逓使用は確認され
ていません。

製造面についても、４００面なのか、
２００面なのか、１００面で刷られたの
か解っていません。

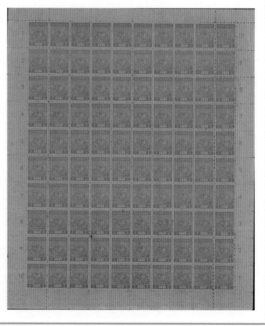

タイ占領下の地方切手

Thailand Occupation Stamps
1943-44

一覧

分類	通称	種類	発行日	使用地
正刷	国名表示正刷切手	6	1944/1/15	北部4州全て
正刷	クランタン紋章切手	5	1943/11/15	ケランタン州のみ
加刷	TRENGGANU加刷切手	34	1944/10/1	トレンガヌ州のみ

上の表の「種類」には、メインナンバーの種類を記載した。

日本と同盟するタイ王国は、1942/1/25に英米に宣戦布告を行ない枢軸国の一員となったが、1943年中盤以降、枢軸側の各国の戦況が悪化すると、対日レジスタンス活動が活発した。そこで、1943/7/4に、バンコクで、タイ・ピブーン首相と日本・東條英機首相による会談が行われ、英領マライ北部4州について、1943/10/19に、タイへの割譲する事が決定した。

これら4州では、南方占領地マライ切手が引き続き使用できたほか、本項に掲載する地方切手も使用した。

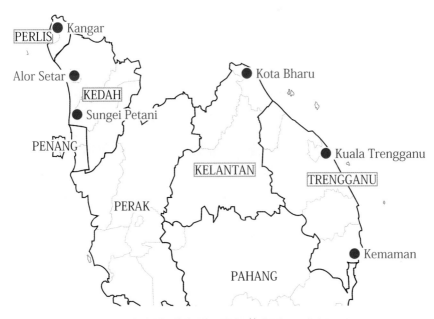

国名表示正刷切手

1944/1/15, 3/4

製造地: バンコク防衛省印刷所 　　　　Produced at Bangkok Government Printing Office

1/15に2 cを発行。残りの5額面は、3/4に発行。

cat#	額面	shade	*	*田	シート*	◉	□
10M1	**1c**	yellow	**3,000**	-	-	3,000	300,000
10M2	**2c**	brown	**1,200**	-	-	2,000	300,000
10M2 a		無目打ペア	**150,000**				
10M3	**3c**	green	**2,000**	-	-	3,500	300,000
10M4	**4c**	violet	**1,400**	-	-	3,000	300,000
10M5	**8c**	red	**1,400**	-	-	2,000	300,000
10M6	**15c**	blue	**3,500**	-	-	5,000	500,000

10M1　　　　　　10M2　　　　　　10M3

10M4　　　　　　10M5　　　　　　10M6

ケランタン州紋章切手

1943/11/15

製造地: コタバル局か？　　　　　　　　Produced at Kota Bahru post office?

cat#	額面	shade, paper	加刷色	✳	◉
10M7	**1c**	violet & black		**15,000**	21,000
10M8	**2c**	violet & black		**16,500**	16,500
10M8 a		印章漏れ		**55,000**	
10M9	**4c**	violet & black		**16,500**	21,000
10M9 a		印章漏れ		**70,000**	
10M10	**8c**	violet & black		**16,500**	16,500
10M10 a		印章漏れ		**45,000**	-
10M11	**10c**	violet & black		**21,000**	27,500

10M7	**10M8**	**10M9**

10M10	**10M10 a**	**10M11**

タイ占領下の地方切手

TRENGGANU加刷切手

1944/10/1

製造地: クアラトレンガヌ局　　　　　　　Produced at Kuala Trengganu post office

在庫のある切手に、『TRENGGANU』の一行印を黒で加刷した。
シートの上下を決めずに加刷した為、逆加刷しか存在しない切手も多い。カタログ番号短縮
のため、TRENGGANU加刷切手に限り、逆加刷にiをつけず、メインナンバーのみで表示する。

台切手: 単枠軍政印加刷切手

cat#	額面	shade, paper	台切手番号	✳	◉
10M12	8c grey		7M118-bl	27,500	18,500
10M13	1c scarlet		7M146 R-bl	90,000	-

10M12

10M13

台切手: ローマ字加刷切手

cat#	額面	shade, paper	台切手番号	✳	◉
10M14	12c ultramarine		7M169	18,500	11,000
10M15	2c/5c purple (yellow)		7M197	27,500	27,500
10M16	2c/5c purple (yellow)　逆加刷		7M197	22,500	20,000
10M17	8c/10c blue　逆加刷		7M203	21,000	21,000
10M18	12c bright ultramarine 逆加刷		7M204	21,000	21,000

10M14

10M15

10M17

10M18

台切手: 漢字加刷切手

cat#	額面	shade, paper	台切手番号	*	◉
10M19	**12c** ultramarine		7M226	**25,000**	25,000
10M20	**40c** scarlet & dull purple		7M227	**25,000**	25,000
10M21	**6c/5c** brown　逆加刷		7M230	**25,000**	25,000
10M22	**25c** purple & scarlet		7M231	**25,000**	25,000
10M23	**30c** dull purple & orange		7M243	**45,000**	25,000
10M24	**50c** black (green)		7M244	**45,000**	25,000
10M25	**1c** black		7M253	**12,000**	12,500
10M26	**2c/5c** brown　逆加刷		7M254	**25,000**	25,000
10M27	**3c** green		7M247	**16,500**	16,500
10M28	**3c/5c** brown		7M255	**25,000**	25,000

10M19

10M20

10M21

10M22

10M23

10M25

10M26

10M27

10M28

台切手: 漢字加刷切手(つづき)

cat#	額面	shade, paper	台切手番号	*	◉
10M29	**12c** ultramarine		7M248	**12,000**	10,000
10M29 R	右側頭加刷		7M248 R	**11,000**	10,000
10M29 Ra	横 "日" 右側頭加刷		7M248 Ra	**125,000**	125,000
10M29A	**2c/5c** purple (yellow) 逆加刷		7M264	-	30,000

台切手: 正刷切手

cat#	額面	shade, paper	台切手番号	*	◉
10M30	**1c** grey green		9M1	**18,500**	18,500
10M31	**2c** green		9M2	**18,500**	12,500
10M32	**3c** olive		9M3	**16,500**	10,000
10M33	**4c** red		9M4	**18,500**	14,000
10M34	**8c** blue		9M5	**33,000**	33,000
10M35	**10c** brown		9M6	**62,500**	55,000
10M36	**15c** violet		9M7	**21,000**	14,300
10M37	**30c** olive green		9M8	**23,000**	12,000
10M38	**50c** ultramarine		9M9	**30,000**	23,000
10M39	**70c** blue		9M10	**62,500**	55,000
10M40	**8c** violet		9M11	**33,000**	33,000
10M41	**15c** scarlet		9M12	**25,000**	15,000

台切手: 日本切手

cat#	額面	shade, paper	台切手番号	*	◉
10M42	**5銭** claret		JPS-251	**25,000**	25,000
10M43	**25銭** brown		JPS-234	**14,000**	10,000
10M44	**30銭** blue		JPS-235	**25,000**	15,000

10M29

10M29 R

10M29A

10M31

10M32

10M33

10M36

10M37

10M41

10M43　　　　　**10M44**

マライの郵便局リストと使用された消印

本項では日本占領下で開局された郵便局と使用された消印を州別にリストした。また以下に使用された消印の凡例は、極力オリジナルに近づけて再現したが、消印枠の円の大きさや消印の色、書体、使用期間等にバラエティーがある。同じ郵便局でも使用された消印の種類や日付、書留印等の付属の印付きによってはより高く評価され、料金収納実逓便は高評価である。

一重丸印

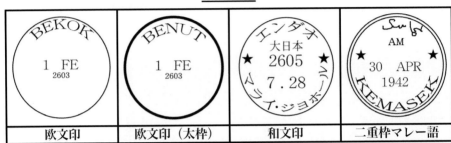

欧文印	欧文印（太枠）	和文印	二重枠マレー語

二重丸印

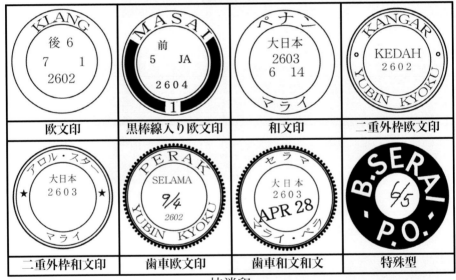

欧文印	黒棒線入り欧文印	和文印	二重外枠欧文印
二重外枠和文印	歯車欧文印	歯車和文和文	特殊型

抹消印

手書き抹消	抹消印（活字）	枠付抹消印（活字）	網状印

R (Registered)/ 書留印 （例）	PM(Printed Matter)/ 印刷物印	PP （Percel Post） / 小包印

AR (Advice of Arrival) / 到着通知印 （例）		UP(Unpaid) / 不足料印 （例）	

PP (Postage Paid) / 料金収納印 （例）			

 	 大東亜戦争一周年記念印：この印は単体では使用されず、日付印と併せて使用された。（表中では★印）
標語印 （例）	

表中の希少度の比率

	希少度	評価の比率（昭南局基準）
CC	頻	× 1〜3
C	↑	× 3〜6
S		× 6〜10
R	↓	×10〜15
RR	稀	×15 以上

各暦の換算表

西暦	皇紀	昭和	タイ仏歴
1941	2601	16	2484
1942	2602	17	2485
1943	2603	18	2486
1944	2604	19	2487
1945	2605	20	2488

(P.A.) ：Postal Agency　郵便取次所・代理店

(R.A.) ：Rail Agency　　鉄道取次所・代理店

未確認：占領後開局したが印影が確認できていない郵便局

ジョホール州 （JOHORE）

郵便局名（欧文）	郵便局名（和文）	希少度	一重丸印			二重丸印			他の印
			欧	欧(太)	和	欧	黒棒欧	和	
Johore Bahru (C.P.O.)	ジョホール・バル中央	CC			○	○		○	UP PP ★
Ayer Hitam (P.A.)	アエルヒタム	未確認							
Batu Anam	バトゥアナム	R		○					
Batu Pahat	バト・パハ	C				○		○	★
Bekok	ベコク	R	○						
Benut	ベヌ	R		○				○	
Bukit Pasir (P.A.)	ブキツパシル	R		○					AR
Cha'ah (P.A.)	チャ・ア	R			○				
Endau	エンダオ	R			○			○	特殊型
Jementah (P.A.)	ジェメンタ	R			○				
Kahang (P.A.)	カハン	RR						○	
Kluang	クルアン	C				○		○	AR UP ★
Kota Tinggi	コタ・テンギ	S				○		○	
Kukup (Cucob)	ククプ	R		○				○	★
Kulai	クライ	R				○			AR
Labis	ラビス	S	○					○	★
Layang Layang	ラヤン・ラヤン	S				○		○	
Masai	マサイ	R				○			
Mengkibol (R.A.)	メンキボル	未確認							
Mersing	メルシン	S		○				○	
Muar	ムア	C				○		○	AR ★
Pagoh (P.A.)	パゴ	RR							特殊型(二重外枠)
Paloh	パロ	R	○					○	
Panchor	パンチョウル	R				○		○	
Parit Jawa (P.A.)	パリ・ジャワ	R		○				○	
Parit Raja	パリ・ラジャ	RR						○	
Parit Sulong (P.A.)	パリ・スロン	RR						○	
Pengerang (P.A.)→(P.O.)	ペンゲラン	RR				○		○	
Pontian	ポンチャン	S				○		○	AR ★
Rengam	レンガム	S		○				○	
Rengit	レンギ	R				○		○	
Scudai	サクダイ	R		○					UP
Segamat	セガマ	C				○		○	★
Semerah (P.A.)	セムラ	RR						○	
Senai	セナイ	R	○					○	
Senggarang	センガラン	R	○					○	
Simpang Rengam (P.A.)	シンパンレンガン	RR						○	
Sungei Mati	スンゲイマチ	RR							枠付き抹消印
Tangkak	タンカ	S	○		○				AR ★
Tenang (R.A.)	テナン	RR						○	
Ulu Choh (P.A.)	ウル・チョウ	RR				○		○	
Yong Peng (P.A.)	ヨンペン	RR						○	

戦前に存在したが、占領後再開しなかった郵便局

郵便局名（欧文）	郵便局名（和文）	郵便局名（欧文）	郵便局名（和文）
Ayer Baloi (P.A.)	アエルバロイ	Mawai (P.A.)	マワイ
Bukit Gambir (P.A.)	ブキツガンビル	Sagil (P.A.)	サギル
Bukit Medan (P.A.)	ブキツメダン	Sedenak (R.A.)	セデナ
Buloh Kasap (P.A.)	ブルカサップ	Teluk Sari (P.A.)	テロクサリ
Jemaluang (P.A.)	ジェマルアン	Ulu Tiram (P.A.)	ウルテラム

ケダー州 （KEDAH）

郵便局名（欧文）	郵便局名（和文）	希少度	二重丸印					抹消印	他の印
			欧	黒棒欧	和	外枠二重欧	外枠二重和		
Alor Star (C.P.O.)	アロル・スター / アロスター	C	○		○	○	○		AR
Baling	バリン	R	○		○	○			
Bandar Bharu	バンダル・バルー	R			○	○		活字	
Bedong	ベドン	RR			○	○		活字	
Gurun	グルン	RR			○				
Jitra	ジットラ	RR			○	○		活字	
Kuala Ketil	クアラ・ケチル	R			○	○		活字	
Kuala Muda	クアラムダ	RR	○		○				
Kuala Nerang (P.A.)	クアラネラン	RR			○				
Kulim	クリム	S	○	○	○	○		網状	
Langkawi	ランカキ	RR			○				
Lunas	ルナス	RR	○		○				
Padang Serai	パダン・セライ	R		○	○	○			
Serdabg	セルダン	RR	○		○	○		活字	
Sik (P.A.)	シク	RR	○		○				
Sungei Patani	スンゲイ・パタニ	S	○		○			活字	
Yen (P.A.)	エン	RR	○						

戦前に存在したが、占領後再開しなかった郵便局

郵便局名（欧文）	郵便局名（和文）
Karangan	カランガン

ケランタン州 （KELANTAN）

郵便局名（欧文）	郵便局名（和文）	希少度	一重印 欧	二重印 欧	抹消印	他の印
Kota Bharu (C.P.O.)	コタバール	S	○	○		R AR
Bachok	バチコク	RR	○			
Kuala Krai	クアラクライ	R		○		R
Pasir Mas	パシルマス	RR	○			
Pasir Puteh	パシルプチ	RR		○	手書	
Temangan (P.A.)	テマンガン	R	○			
Tumpat	トゥンパ	R		○		

戦前に存在したが、占領後再開しなかった郵便局

郵便局名（欧文）	郵便局名（和文）
Gual Perik (P.A.)	不明
Rantau Panjang (P.A.)	ランタウパンジャン
Wakaf Bahru (P.A.)	不明

※ ケランタン州を南北に走る東海岸鉄道は、泰緬鉄道建設の資材として撤去されたため、鉄道沿いに存在した以下の戦前の鉄道郵便所は、再開されなかった。

Gua Musang	Kuala Gris	Kual Pergau	Manek Urai
Nal	Pahi	Sungei Kusial	Tanah Merah

マラッカ州 （MALLACA）

郵便局名（欧文）	郵便局名（和文）	希少度	一重印 和	二重印 欧	二重印 黒棒欧	二重印 和	抹消印	他の印
Malacca (C.P.O.)	マラッカ	CC	○	○	○	○		AR UP PM PP
Alor Gajah	アロルガジャ	C	○	○		○		
Asahan	アサハン	S	○	○				
Bemban (P.A.)	ベンバン	RR				○		
Durian Tunggal (P.A.)	ダリアンタンガル	RR		○		○		
Jasin	ジャシン	C	○	○		○	手書	★
Kesang Pajak (P.A.)	ケサンパジャ	未確認						
Kuala Sungei Bharu	クアラスンゲイバール	RR				○	手書	
Lubok China	ルボチナ	RR				○		
Masjid Tanah	マスジタナ	S	○	○		○		
Merlimau	モリモ	S	○	○				
Selandar	セレタル	RR		○				
Tangga Batu (P.A.)	タンガバツ	未確認						
Tebong	テボン	RR				○		

ネグリセンビラン州 （NEGRI SEMBILAN）

郵便局名（欧文）	郵便局名（和文）	希少度	二重印 欧	二重印 黒棒欧	二重印 和	他の印
Seremban (C.P.O.)	セレンバン	CC	○	○	○	標語
Ayer Hitam (R.A.)	アエルヒタム	未確認				
Bahau	バハウ	S	○		○	★
Batang Malaka	バタンマラッカ	S		○	○	AR ★
Fuji Go	不二郷	RR			○	UP
Gemas	ギマス / ゲマス	S	○		○	★
Johol (P.A.)	ジョホール	RR		○		
Kendong	ケンドン	RR			○	
Kuala Klawang	クアラクラワン	S	○		○	
Kuala Pilah	クアラピラ	C	○	○		UP ★
Labu (R.A.)	ラブ	未確認				
Mambau (R.A.)	マンバウ	未確認				
Mantin	マンチン	S	○	○	○	★
Nilai	ニライ	R	○			★
Port Dickson	ポートヂクソン	C		○		
Rantau	ランタウ	R	○			★
Rembau	レンボウ	R		○		
Rompin (R.A.)	ロンピン	未確認				
Siliau	シリアウ	R	○			★
Sungei Gadut	スンゲイガダツ	R	○			
Tampin	タンピン	S	○		○	AR
Tanjong Ipoh	タンヂョンイポー	R			○	
Tiroi (R.A.)	チロイ	未確認				

戦前に存在したが、占領後再開しなかった郵便局

郵便局名（欧文）	郵便局名（和文）
Ayer Kuning South	アエルクニンサウス
Broga (P.A.)	ブロガ
Pedas (P.A.)	ペダス

郵便局名（欧文）	郵便局名（和文）
Pengakalan Kempas (P.A.)	ペンカランケンパス
Seremban - Paul St. (P.A.)	セレンバンポールストリート

パハン州 （PAHANG）

郵便局名（欧文）	郵便局名（和文）	希少度	二重印 欧	二重印 黒棒欧	二重印 和	歯車二重印 欧	抹消印	他の印
Kuantan (C.P.O.)	クアンタン	CC	○		○		手書	AR
Benta (P.A.)	ベンタ	RR	○		○			
Bentong	ベントン	CC	○		○		手書	
Chenor (P.A.)	チェモル	未確認						
Frasers Hill	フレザースヒル	S	○		○			
Gambang (P.A.)	ガンバン	RR			○			
Jerantut	ジェランツト	R	○		○			
Karak (P.A.)	カラク	RR	○				手書	
Kuala Krau	クアラクラウ	RR	○		○			
Kuala Lipis	クアラリピス	C	○		○		活字	
Mengkarak	メンカラク	R	○					
Mentakab	メンタカブ	C	(")		(")		手書	
Pekan	ペカン	C	○	○	○			
Raub	ラウブ	C	○		○			
Ringlet	リングレット	S	○		○	○		
Sungei Lembing	スンゲイレンビング	R	○		○		活字	
Tanah Rata	タナラタ	S	○		○	○		
Temerloh	テメロ	S	○		○			
Tras	トラス	R	○		○			
Triang	トリアング	R	○		○			

※　Ringlet 局と Tanah Rata 局はパハン州に位置しながら、ペラー州の郵便局管轄下に置かれたので、州の表示が「Perak　ペラー」となっている。

戦前に存在したが、占領後再開しなかった郵便局

郵便局名（欧文）	郵便局名（和文）	郵便局名（欧文）	郵便局名（和文）
Bebar	ベバール	Manchis (P.A.)	マンチス
Bukit Bentong (P.A.)	ブキツベトン	Maran (P.A.)	マラン
Chegar Perah (P.A.)	チェガルペラー	Mela (P.A.)	メラ
Kampong Guai (P.A.)	カンポングアイ	Mengkuang (P.A.)	メンクアン
Kemayan (P.A.)	ケマヤン	Merepoh (P.A.)	メラポー
Kerdau (P.A.)	ケルダウ	Padang Tungku (P.A.)	パダンタンク
Krambit (P.A.)	クランビツ	Pahang Hilir (P.A.)	パーアンヒリール
Kuala Rompin (P.A.)	クアラロンピン	Pulau Tawar (P.A.)	プラウタワル
Kuala Tembeling (P.A.)	クアラテンベリン	Pulau Tioman (P.A.)	プラウティオマン

不足料印・不足料切手の使用例(最古例)

無加刷の旧切手が貼られて差し出されたが、既に軍政部加刷切手が発行されており、無加刷の切手は無効となっていたため、切手横に「not valid」と手書きがなされ、三角枠の「T」の不足料印が押され、正規の郵便料金８Ｃと手数料８Ｃ分の不足料切手(7 M 137a)が貼られ、昭南局 2602.4.6.で消印されている。また、宛先が大きい印で抹消されており、宛先人不明で RETOUR（差出人）となったカバーである。

ペナン州 （PENANG）

郵便局名（欧文）	郵便局名（和文）	希少度	二重印 欧	二重印 黒棒欧	二重印 和	外枠二重 欧	外枠二重 和	歯車二重印 欧	他の印
Penang (C.P.O.)	ペナン	CC	○		○	○	○		AR UP
Ayer Itam (P.A.)	アエル・イタム	S	○		○				
Balic Pulau	バリ・プラウ	C		○	○				
Bayan Lepas (P.A.)	バヤン・ルパス	R		○	○				
Bukit Mertajam P.W.	ブキ・マルタヂャム	C	○		○	○			
Butterworth P.W.	バタ・ウォース	C	○		○	○		○	
Dato Kramat	ダト・クラマット	S		○	○				AR
Eastern And Oriental Hotel (P.A.)	イースタン　オリエンタル　ホテル	R		○					
Jelutong (P.A.)	ヂルトン	S			○				
Kapala Batas P.W.	ケパラ・バタス	S	○		○				UP
McNair Street	マックネル・ストリート	S	○		○				
Nibong Tebal P.W.	ニーボン・テバル	C		○	○	○		○	
Penang Road	ペナン・ロード	C	○		○	○			
Penanti P.W. (R.A.)	ペナンチ	未確認							
Pinang Tunggal P.W. (R.A.)	ペナンツンガ	RR			○				
Pitt Street (P.A.)	ピット・ストリート	S	○		○				
Prai P.W.	プライ	C	○		○	○		○	
Pulau Tikus (P.A.)	プラウ・チクス	R		○	○				AR
Simpang Ampat P.W.	シンパン・アムパット	S	○		○	○		○	
Sungei Bakap P.W.	スンゲイ・バカップ	R		○	○				
Tessek Glugor P.W. (R.A.)	タセックグルゴール	未確認							
Tong Ah Amusement Park	東亞遊藝場	RR							記念印のみ

東亞遊藝場は１週間の会場開設期間の記念印のみ使用

戦前に存在したが、占領後再開しなかった郵便局

郵便局名（欧文）	郵便局名（和文）
Penang Hill	ペナンヒル
Penanti (R.A.)	ペナンチ

ペラ―州 （PERAK）

郵便局名（欧文）	郵便局名（和文）	希少度	二重印 欧	二重印 黒棒欧	二重印 和	歯車二重印 欧	歯車二重印 和	他の印
Ipoh (C.P.O.)	イポー	CC	○		○	○	○	AR R PP(手書 印)
Ayer Tawar	アエルタワル / アイエルタワル	C	○	○	○	○		AR
Bagan Datoh	バガンダト	S			○	○	○	
Bagan Serai	バガンセライ	S	○		○	○		AR　特殊型
Banir (R.A.)	バニル	未確認						
Batu Gajah	バツガジャ	CC	○		○	○		AR
Batu Kurau	バツクラウ	S			○	○		
Bidor	ビドル / ビドー	C			○	○	○	PP(手)
Bruas	ブルアス	S			○	○	○	
Bukit Merah (R.A.)	ブキツメラー	未確認						
Chemor	チェモル / チモール	C				○	○	
Chenderiang (P.A.)	チェンデリアン	R			○	○	○	
Enggor	エンゴル	S			○	○	○	

ペラー州 (続き)

郵便局名 (欧文)	郵便局名 (和文)	希少度	二重印			歯車二重印		他の印
			欧	黒棒欧	和	欧	和	
Gopeng	ゴーペン / ゴペン	C			○	○	○	R
Grik	グリック / グリク	S			○	○	○	
Gula (P.A.)	グラ	RR	○					
Gunong Semanggol (P.A.)	グノンセメンゴル	R				○	○	
Hutan Melintang (P.A.)	ウタンメリンタン	R			○	○	○	
Intan	インタン	S				○	○	R
Ipoh East	イポーイースト	C				○	○	
Kampar	カンパル	C	○			○		R AR 枠付抹消印
Kampong Gajah (P.A.)	カンポンガジャ	RR				○		
Kampong Kapayong	カンポンカパヨン	S				○		
Kroh	クロ	S				○		
Kuala Kangsar	クアラカンサル	C	○			○	○	R PP(手書)
Kuala Kurau	クアラクラウ	S				○		
Lahat	ラハト / ラハット	S				○		
Lenggong	レンゴン	S				○		
Lumut	ルムット	C	○			○		PP(手書)
Malim Nawar	マリムナワル	S				○		
Matang	マタン	S				○		
Menglembu	メングレンブ	S				○		
Padang Rengas	パダンレンガス	R	○					
Parit	パリット	C				○	○	
Parit Buntar	パリットブンタル	C				○		PP(手書)
Pengkalan Bahru (P.A.)	ペンカランバル	RR				○		
Pondok Tanjong (R.A.)	ポンドクタンジョン	未確認						
Pusing	プシン / プーシング	S				○	○	
Salak North (R.A.)	サラクノース	未確認						
Sauk (P.A.)	サウク	RR					○	
Selama	セラマ	C				○	○	PP(手書)
Sitiawan	シティアワン	C	○	○		○	○	枠付抹消印 PP(手書)
Slim River	スリムリバー / スリムリバル	S				○	○	枠付抹消印
Sungei Siput	スンゲイシプット	C				○	○	PP(手書)
Sungkai	スンカイ	S				○		
Taiping	タイピン	CC	○			○	○	R AR UP PP(手書 彫)
Tanjong Malim	タンジョンマリム / タンジョンマリム	C				○	○	R AR UP PP(手書)
Tanjong Rambutan	タンジョン・ランブタン	S				○	○	抹消印
Tanjong Tualang	タンジョントアラン	S	○			○	○	PP(手書)
Tapah	ターパー / タパー	C				○	○	PP(手書)
Tapah Road	ターパーロード	R				○	○	
Teluk Anson	テロク・アンソン	C	○			○		AR 抹消印 PP(手書)
Temoh	テモ / テイモ / テモール	S				○	○	
Trong	トロン	S	○			○		
Tronoh	トロノ / トローノー	S				○	○	
Ulu Bernam (P.A.)	ウルベルナン	RR				○		
Ulu Sapetang (R.A.)	ウルサペタン	未確認						

戦前に存在したが、占領後再開しなかった郵便局

郵便局名（欧文）	郵便局名（和文）	郵便局名（欧文）	郵便局名（和文）
Behrang (P.A.)	ベラン	Maxwell's Hill (P.A.)	マクスウェルズヒル
Bota (P.A.)	ボタ	Pangkor Island (P.A.)	パンコールアイランド
Changkat Krung (P.A.)	チャンカツクレイン	Pasir Salak (P.A.)	パシルサラク
Kampong Pasir Panjang (P.A.)	カンポンパシルパンジャン	Port Weld (P.A.)	ポートウェルト
Kati (P.A.)	カチ	Pulau Tiga (P.A.)	プラウティガ
Kota Bharu (P.A.)	コタバール	Siputeh (P.A.)	ジプテー
Lambor Kanan (P.A.)	ランボールカナン	Slim Village (P.A.)	スリムビレッジ
Manong (P.A.)	マノン	Trolak (P.A.)	トロラク

ペルリス州 （PERLIS）

郵便局名（欧文）	郵便局名（和文）	希少度	二重印	
			和	外枠二重欧
Kangar C.P.O.	カンガー	R	○	○

戦前に存在したが、占領後再開しなかった郵便局

郵便局名（欧文）	郵便局名（和文）
Padang Besar (R.A.)	パダンベサール

ペルリス州の郵便は、ケダー州の郵便局管轄下に置かれたので、消印の州の表示が「KEDAH」「ケダー」と表示されている。

セランゴール州 （SELANGOR）

郵便局名（欧文）	郵便局名（和文）	希少度	一重印 欧	二重印 欧	二重印 和	抹消印	他の印
Kuala Lumper C.P.O.	クアラルンプール（クアララランプール）	CC		○	○		AR UP PP PM
Ampang	アンパン	R		○	○		
Bangi (P.A.)	バンギ	R		○	○	手書	
Banting	バンテン	C	○		○		AR UP
Batang Berjuntai	バタンベルジュンタイ	S		○	○		
Batu Arang	バツアラン	S		○	○		
Batu Caves	バッケーブス	S		○	○		
Batu Laut	バツラウト	R		○	○		
Batu Tiga	バツティガ	R		○	○		
Bukit Rotan	ブキロタン	S		○	○		
Jeram	ジヤラム	R			○		
Kajang	カジャン	C		○	○		AR
Kalumpang (R.A.)	カルンパン	未確認					
Kapar	カパール	R		○	○		
Kepong	ケポン	S		○	○		
Kerling (R.A.)	ケルリン	R			○		
Klang	クラン	CC		○	○		
Kuala Kubu Bharu	クアラクブバル	C		○	○		
KL Agri Horticultural Exhibition	（クアラルンプール農業博覧会）	R		○			
KL Batu Road (P.A.)	バツロード	S		○	○		
KL Brickfields Road (P.A.)	ブリックフィールドロード	S		○	○		
KL Station Street (P.A.)	ステーションストリート	C		○	○		
Kuala Selangor	クアラセランゴール	S		○	○		
Pengkalen Kundang (R.A.)	ペンカランカンダン	未確認					
Petaling	ペタリン	R		○			
Port Swettenham	ポートスエッテンハム	C		○	○		
Puchong	プチョン	S		○	○		AR
Pudu	プドウ	S		○	○		

※ KL=Kaula Lumpur

郵便局名（欧文）	郵便局名（和文）	希少度	二重印 欧	二重印 和	抹消印	他の印
Rasa	ラサ	S	○	○		
Rawang	ラワン	S	○	○		
Sabak Bernam	サバベルナム	S	○	○		
Semenyih	セメニ	S	○	○		
Sentul	セントル	S	○	○		AR
Sepang	セパン	S	○	○		
Serendah	セレンダ	S	○	○		
Sungei Besi	スンゲイベシ	S	○	○		
Sungei Buloh	スンゲイブロ	S	○	○		
Sungei Choh (R.A.)	スンゲイチョー	未確認				
Telok (P.A.)	テルク	RR		○		
Ulu Langat	ウルランガツ	R	○	○		
Ulu Yam	ウルヤム	R	○	○		

戦前に存在したが、占領後再開しなかった郵便局

郵便局名（欧文）	郵便局名（和文）	郵便局名（欧文）	郵便局名（和文）
Kaula Lumpur Salak South (P.A.)	サラクサウス	Sungei Ayer Tawar (P.A.)	スンゲイアワルタワル
Kuang (P.A.)	クアン	Sungei Pelek (P.A.)	スンゲイペルク
Pulau Ketam (P.A.)	プラウケタン	Sungei Way (P.A.)	スンゲイウェイ

シンガポール（昭南）（SHINGAPORE, SYONAN）

郵便局名（欧文）	郵便局名（和文）	希少度	二重印 欧（「昭南」入）	和	他
Singapore (Syonan)	昭南 / 昭南局	CC		○	AR UP 標語
Bukit Panjang (P.A.)	ブキット・パンジャン	RR		○	
Changi (P.A.)	チャンキ	未確認			
Geylang Road (P.A.)	ゲイラン．ロード	S	○	○	
Kampong Glam (P.A.)	カンポン．ガラム	S	○	○	AR
Kandang Kerbau (P.A.)	カンダン．ケルバウ	S	○	○	
Katong (P.A.)	カトン	R	○	○	
Keppel Harbour (P.A.)	ケペルハーバー	R	○	○	
Maxwell Road (P.A.)	スキヌヤルロード	R	○	○	
Naval Base (P.A.)	ネイバルベース	RR	○		
Nee Soon (P.A.)	ニースーン	R		○	
Newton (P.A.)	ニュートン	S	○	○	
North Canal Road (P.A.)	ノースカナル．ロード	S	○	○	AR
Orchard Road (P.A.)	オーチャード・ロード	S	○	○	
Paya Lebar (P.A.)	パヤ・レバ	R	○	○	
Queen Street (P.A.)	クイン・ストリート	S	○	○	
Seletar (P.A.)	セレター	RR		○	
Sepoy Lines (P.A.)	シポイラインズ	S	○	○	
Serangoon Road (P.A.)	セラングーンロード	S	○	○	AR
Tanglin (P.A.)	タングリン	S	○	○	
Tanjong Pagar (P.A.)	タンジヨン・パガー	RR		○	

戦前に存在したが、占領後再開しなかった郵便局

郵便局名（欧文）	郵便局名（和文）
Christmas Island (P.A.)	クリスマス・アイランド

トレンガヌ州 （TRENGGANU）

郵便局名（欧文）	郵便局名（和文）	マレー文字	希少度	一重印		二重印		他の印
				マ	二重枠マ	欧	マ	
Kuala Trengganu (C.P.O.)	クアラトレンガヌ		C				○	AR
Batu Rakit (P.A.)	バトゥラキツ		RR			○		
Besut	ベスツ		RR		○			
Bukit Besi	ブキツベシ		RR			○		
Dungun	ドゥングン		S	○				
Kemaman	ケママン		R		○		○	AR
Kemasek	ケマシー		RR		○			
Kerteh (Kretay)	ケルテ		RR		○			
Kijal (P.A.)	キジャル		RR		○			
Kuala Brang	クアラブラン		RR				○	
Marang (P.A.)	マラン		RR				○	

※　マ = マレー文字

戦前に存在したが、占領後再開しなかった郵便局

郵便局名（欧文）	郵便局名（和文）	郵便局名（欧文）	郵便局名（和文）
Jabor (P.A.)	ジャボール	Paka (P.A.)	パカ
Kuala Besut (P.A.)	クアラベスツ	Setiu (P.A.)	セチ

昭南特別市管轄下の旧蘭印郵便局

郵便局名（欧文）	郵便局名（和文）	希少度	二重印			他の印
			欧	蘭印タイプ	和	
Daik	ダイク	RR			○	
Dabo Singkep	ダボシンケシブ	RR		○	○	
Puloe Samboe	プロサンボー	RR	○		○	
Tanjong Balei Karimon	タンジョン．ふバレ（カリモン）	RR		○	○	
Tanjong Batu	タンジョン．バト	RR		○	○	
Tanjong Pinang	タンジョン．ビナン	RR	○		○	
Terempa	テレンパ	RR			○	

泰緬鉄道郵便所

郵便局名（欧文）	郵便局名（和文）	希少度	一重印	二重印	他の印
			和	DJ	
Apalon	アパロン	RR	○		
Chumpon	チュンポン	RR		○	二重外枠二重和文
Kanchanaburi	カンチャナブリ軍事郵便所	RR	○		
Konkoitah	コンコイター軍事郵便所	RR	○		
Kinsaiyoku	キンサイヨーク軍事郵便所	RR	○		
Nieke	ニーケ軍事郵便所	RR	○		
Purangkashi	プランカシー軍事郵便所	RR	○	○	
Tamajo	タマジョ	未確認			

タイ占領下ペルリス州 （19/10/1943---9/9/1945）

郵便局名（欧文）	郵便局名（和文）	希少度	二重印	
			和	二重外枠欧
Kangar	カンガー	RR	○	○

タイ占領下ケダー州 （19/10/1943---9/9/1945）

郵便局名（欧文）	郵便局名（和文）	希少度	一重印 二重枠欧	二重印 欧	二重印 和	二重印 二重外枠欧	他の印
Alor Star (C.P.O.)	アロル・スター / アロスター	C	○	○	○		UP
Baling	バリン	RR			○	○	
Bandar Bharu	バンダル・バルー	RR			○	○	
Bedong	ベドン	RR			○	○	
Gurun	グルン	RR				○	
Jitra	ジットラ	RR			○	○	
Kuala Ketil	クアラ・ケチル	RR			○	○	
Kuala Muda	クアラムダ	RR				○	
Kuala Nerang (P.A.)	クアラネラン	RR				○	
Kulim	クリム	S			○	○	AR
Langkawi	ランカヤ	RR				○	
Lunas	ルナス	RR				○	
Padang Serai	パダン・セライ	R			○	○	
Serdabg	セルダン	RR			○	○	
Sik (P.A.)	シク	RR			○	○	
Sungei Patani	スンゲイ・パタニ	S			○	○	
Yen (P.A.)	エン	RR				○	

タイ占領下ケランタン州 （19/10/1943---9/9/1945）

郵便局名（欧文）	郵便局名（和文）	希少度	一重印 欧	二重印 欧	他の印
Kota Bharu C.P.O.	コタバール	R		○	AR R
Bachok	バチョク	RR	○		
Kuala Krai	クアラクライ	R		○	R
Pasir Mas	パシルマス	RR	○		
Pasir Puteh	パシルプチ	RR		○	
Temangan (P.A.)	テマンガン	R	○		
Tumpat	トゥンパ	R		○	

タイ占領下トレンガヌ州 （19/10/1943---9/9/1945）

郵便局名（欧文）	郵便局名（和文）	マレー文字	希少度	一重印 マ	一重印 二重枠マ	二重印 欧	二重印 マ	他の印
Kuala Trengganu (C.P.O.)	クアラトレンガヌ	كوالا ترڠانو	R				○	AR
Batu Rakit (P.A.)	バトゥラキツ		RR			○		
Besut	ベスツ	بسوت	RR		○			
Bukit Besi	ブキツベシ		RR			○		
Dungun	ドゥングン	دوڠون	RR	○				AR
Kemaman	ケママン	كماه	RR		○		○	AR
Kemasek	ケマシー	كماسيق	RR		○			
Kerteh (Kretay)	ケルテ	كرتيه	RR		○			
Marang (P.A.)	マラン	مارڠ	RR				○	

※ マ = マレー文字

マライ郵便局のアルファベット順のリスト

Jo : Johore　　Kd : Kedah　　Kl : Kelantan　　Ma : Mallca　　NS : Negri Sembilan
Pa : Pahang　　Pn : Penang　　Pr : Perak　　Pl : Perlis　　Se : Selangor
Si : Shingapore　Tr : Trengganu　SS : 昭南特別市　　Th : Thailand（泰緬鉄道）

欧文名	和文名	州	欧文名	和文名	州
Alor Gajah	アロルガジャ	Ma	Bruas	ブルアス	Pr
Alor Star	アロル スター	Kd	Bukit Besi	ブキツベシ	Tr
Ampang	アンパン	Se	Bukit Betong	ブキツベトン	Pa
Apalon	アパロン	Th	Bukit Gambir	ブキツガンビル	Jo
Asahan	アサハン	Ma	Bukit Medan	ブキツメダン	Jo
Ayer Baloi	アエルバロイ	Jo	Bukit Merah	ブキツメラー	Pr
Ayer Hitam	アエルヒタム	Jo	Bukit Mertajam	ブキ マルタヂャム	Pn
Ayer Itam	アイエル イタム	NS	Bukit Panjang	ブキット　パンジャン	Si
Ayer Kuning South	アエルクニンサウス	Pn	Bukit Pasir	ブキツパシル	Jo
Ayer Tawar	アエルタワル /	NS	Bukit Rotan	ブキロタン	Se
	アイエルタワル	Pr	Buloh Kasap	ブルカサップ	Jo
Bachok	バチコク	Kl	Butterworth	バタ ウォース	Pn
Bagan Datoh	バガンダトォ	Pr	Cha'ah	チャア	Jo
Bagan Serai	バガンセライ	Pr	Changi	チャンキ	Si
Bahau	バハウ	NS	Changkat Kruing	チャンカツクレイン	Pr
Balik Pulau	バリ プラウ	Pn	Chegar Perah	チェガルペラー	Pa
Baling	バリン	Kd	Chemor	チェモル / チモール	Pr
Bandar Bharu	バンダル バルー	Kd	Chenderiang	チェンデリアン	Pr
Bangi	バンギ	Se	Chenor	チェモル	Pa
Banir	バニル	Pr	Christmas Island	クリスマス・アイランド	Si
Banting	バンテン	Se	Chumpon	チャンバン	Th
Batang Berjuntani	バタンベルジュンタイ	Se	Cocos Island	ココス島	Si
Batang Malaka	バタン マラッカ	NS	Cucob	クコブ	Jo
Batu Anam	バトゥアナム	Jo	Dabosingkep	ダボシンケップ	SS
Batu Arang	バツアラン	Se	Daik	ダイク	SS
Batu Caves	バツケーブス	Se	Dato Kramat	ダト クラマット	Pn
Batu Gajah	バツガジャ	Pr	Dungun	ドゥングン	Tr
Batu Kurau	バツクラウ	Pr	Durian Tunggal	ダリアンタンガル	Ma
Batu Laut	バツラウト	Se	Eastern & Oriental Hotel	イースタン オリエンタル　ホテル	Pn
Batu Pahat	バト パハ	Jo	Endau	エンダオ	Jo
Batu Rakit	バトゥラキツ	Tr	Enggor	エンゴル	Pr
Batu Tiga	バツティガ	Se	Fraser's Hill	フレザースヒル	Pa
Bayan Lepas	バヤン ルパス	Pn	Fuji Go	不二郷	NS
Bebar	ベバール	Pa	Gambang	ガンバン	Pa
Bedong	ベドン	Kd	Gemas	ゲマス / ギマス	NS
Behrang	ベラン	Pr	Geylang Road	ゲイランロード	Si
Bekok	ベコク	Jo	Gopeng	ゴペン / ゴーペン	Pr
Bemban	ベンバン	Ma	Grik	グリック / グリク	Pr
Benta	ベンタ	Pa	Gual Periok	グアラブンオク	Kl
Bentong	ベントン	Pa	Gula	グラ	Pr
Benut	ベヌ	Jo	Gunong Semanggol	グノンセマンゴル	Pr
Besut	ベスツ	Tr	Gurun	グルン	Kd
Bidor	ビドル / ビドー	Pr	Hutan Melintang	ウタンメリアン	Pr
Bota	ボタ	Pr			
Broga	ブロガ	NS			

欧文名	和文名	州	欧文名	和文名	州
I			Kota Bharu	コタバール	Kl
Intan	インタン	Pr	Kota Bharu	コタバール	Pr
Ipoh	イポー	Pr	Kota Tinggi	コタ テンギ	Jo
Ipoh East	イポーイースト	Pr	Kra line	クラ線	Th
J			Krambit	クランビツ	Pa
Jabor	ジャボール	Tr	Kroh	クロ	Pr
Jasin	ジャシン	Ma	Kuala Besut	クアラベスツ	Tr
Jelutong	ジルトン	Pn	Kuala Brang	クァラブラン	Tr
Jemalunang	ジェマルアン	Jo	Kuala Kangsar	クアラカンサル	Pr
Jementah	ジェメンタ	Jo	Kuala Ketil	クアラ ケチル	Kd
Jeram	ジャラム	Se	Kuala Klawang	クアラ クラワン	NS
Jerantut	ジェランツト	Pa	Kuala Krai	クアラクライ	Kl
Jitra	ジットラ	Kd	Kuala Krau	クアラ クラウ	Pa
Johol	ジョホール	NS	Kuala Kubu Bharu	クアラクブバル	Se
Johore Bahru	ジョホール バル	Jo	Kuala Kurau	クアラクラウ	Pr
K			Kuala Lipis	クアラ リピス	Pa
Kahang	カハン	Jo	Kuala Lumpur	クアラルンプール /	Se
Kajang	カジャン	Se		クアララランプール	Se
Kalumpang	カルンパン	Se	KL Agri Horticultural	（クアラルンプール	
Kampar	カンパル	Pr	Exhibition	農業博覧会）	Se
Kampong Chenor	カンポンチェモル	Pa	KL Batu Road	バツロード	Se
Kampong Gajah	カンポンガジャ	Pr	KL Brickfilelds Road	ブリックフィールド	
Kampong Glam	カンポンガラム	Si		ロード	Se
Kampong Guai	カンポングアイ	Pa	KL Salak South	サラクサラウ	Se
Kampong Kapayong	カンポンカパヨン	Pr	KL Station Street	ステーション	
Kampong Pasir Panjang	カンポン パシルパンジャン	Pr		ストリート	Kd
Kanchanaburi	カンチャナブリ	Th	Kuala Muda	クアラムダ	Kd
Kandang Kerbau	カンダンケルバウ	Si	Kuala Nerang	クアラネラン	NS
Kangar	カンガー	Pl	Kuala Pilah	クアラ ピラ	Pa
Kapar	カパール	Se	Kuala Rompin	クアラロンピン	Se
Karak	カラク	Pa	Kuala Selangor	クアラセランゴール	Ma
Karangan	カランガン	Kd	Kuala Sungei Bahru	クアラスンゲイバール	Pa
Kati	カチ	Pr	Kuala Tembeling	クアラテンベリン	Tr
Katong	カトン	Si	Kuala Trenganu	クアラトレンガヌ	Se
Kemaman	ケママン	Tr	Kuang	クアン	Pa
Kemasek	ケマシー	Tr	Kuantan	クアンタン	Jo
Kemayan	ケマヤン	Pa	Kukup	ククプ	Jo
Kendong	ケンドン	NS	Kulai	クライ	Kd
Kepala Batas	ケパラ バタス	Pn	Kulim	クリム	
Kepong	ケポン	Se	**L**		
Keppel Harbour	ケペルハーバー	Si	Labis	ラビス	Jo
Kerdau	ケルダウ	Pa	Labu	ラブ	NS
Kerling	ケルリン	Se	Lahat	ラハット	Pr
Kerteh	ケルチ	Tr	Lambor Kanan	ランボールカナン	Pr
Kesang Pajak	ケサンパジャ	Ma	Langkawi	ランカキ	Kd
Kijal	キジャル	Tr	Layang Layang	ラヤン ラヤン	Jo
Kinsaiyoku	キンサイヨーク	Th	Lenggong	レンゴン	Pr
Klang	クラン	Se	Lubok China	ルボチナ	Ma
Kluang	クルアン	Jo	Lumut	ルムット	Pr
Konkoitah	コンコイター	Th	Lunas	ルナス	Kd

KL : Kuala Lumpur

欧文名		和文名	州
Malacca	**M**	マラッカ	Ma
Malim Nawar		マリムナワル	Pr
Mambau		マンバウ	NS
Manchis		マンチス	Pa
Manong		マノン	Pr
Mantin		マンチン	NS
Maran		マラン	Pa
Marang		マラン	Tr
Masai		マサイ	Jo
Masjid Tanah		マスジタナ	Ma
Matang		マタン	Pr
Mawai		マワイ	Jo
Maxwell's Hill		マクスウェルズヒル	Pe
Maxwell Road		マクスウェルロード	Si
McNair Street		マツクネル ストリート	Pe
Mela		メラ	Pa
Mengkarak		メンカラク	Pa
Mengkibol		メンキボル	Jo
Mengkuang		メンクアン	Pa
Menglembu		メングレンブ	Pr
Mentakab		メンタカブ	Pa
Merapoh		メラポー	Pa
Melimau		モリモ	Ma
Mersing		メルシン	Jo
Muar		ムア	Jo
Naval Base	**N**	ネイバルベース	Si
Nee Soon		ニースーン	Si
Newton		ニュートン	Si
Nibong Tebal		ニーボン テバル	Pn
Nieke		ニーケ	Th
Nilai		ニライ	NS
North Canal Road		ノースカナルロード	Si
Orchard Road	**O**	オーチャードロード	Si
Padang Besar		パダンペサール	Pl
Padang Rengas		パダンレンガス	Pr
Padang Serai		パダン セライ	Kd
Padang Tungku		パダンタンク	Pa
Pagoh		パゴ	Jo
Pahang Hilir	**P**	パーアンヒリール	Pa
Paka		パカ	Tr
Paloh		パロ	Jo
Panchor		パンチョウル	Jo
Pangkor Island		パンコールアイランド	Pr
Parit		パリット	Pr
Parit Buntar		パリットブンタル	Pr
Parit Jawa		パリ ジャワ	Jo
Parit Raja		パリ ラジャ	Jo
Parit Sulong		パリ スロン	Jo

欧文名		和文名	州
Pasir Mas	**P**	パシルマス	Kl
Pasir Puteh		パシルプチ	Kl
Pasir Salak		パシルサラク	Pr
Paul St. Seremban		セレンバン ポールストリート	NS
Paya Lebar		パヤレバ	Si
Pedas		ペダス	NS
Pekan		ペカン	Pa
Penang		ペナン	Pn
Penang Hill		ペナンヒル	Pn
Penang Road		ペナン ロード	Pn
Penanti		ペナンチ	Pn
Pengerang		ペンゲラン	Jo
Pengkalen Bahru		ペンカランバル	Pr
Pengkalen Kempas		ペンカランケンパス	NS
Pengkalen Kundang		ペンカランカンダン	Se
Petaling		ペタリン	Se
Pinang Tunggal		ペナンツンガ	Pn
Pitt Street		ピット ストリート	Pn
Pondok Tanjong		ポンドクタンジョン	Pr
Pontian		ポンチャン	Jo
Port Dickson		ポートデクソン	NS
Port Swettenham		ポートスエッテンハム	Se
Port Weld		ポートウェルト	Pr
Prai		プライ	Pn
Puchong		プチョン	Se
Pudu		プドウ	Se
Pulau Ketam		プラウケタル	Se
Pulau Tawar		プラウタワル	Pa
Pulau Tiga		プラウティガ	Pr
Pulau Tikus		プラウ チクス	Pn
Pulau Tioman		プラウティオマン	Pa
Puloe Samboe		プロサンボー	SS
Purangkashi		プランカシー	Th
Pusing		プシン / プーシング	Pr
Queen Street	**Q**	クインストリート	Si
Rantau	**R**	ランタウ	NS
Rantau Panjang		ランタウパンジャン	Kl
Rasa		ラサ	Se
Raub		ラウブ	Pa
Rawang		ラワン	Se
Rembau		レンボウ	NS
Rengam		レンガム	Jo
Rengit		レンギ	Jo
Ringlet		リングレット	Pa
Rompin		ロンピン	NS
Sabak Bernam	**S**	サバベルナム	Se
Sagil		サギル	Jo